料理解剖图鉴

图鉴

后浪出版公司

〔日〕**丰满美峰子**
———编———
〔日〕**桑山慧人**
———绘———

郑荃子 译

Illustrated Guide
to Arts and Science
of Cooking

天津出版传媒集团
天津人民出版社

序言

明明是严格按照食谱制作的，却总是以失败收场。

就连用不着看菜谱的简单菜式，也总做得差那么点味道。

"也许是我没什么料理天分，要不省出时间去干点儿别的吧。"

你一定有过类似的经历。

其实，并不是你缺少特殊才能或领悟能力。

只是你没有抓住制作料理的诀窍。

烹饪也是一门学问，有些技巧并不会出现在菜谱之中。

说是秘诀，也不全是。因为它并不是专由职业厨师所掌握的"独门秘籍"。

而是类似"烤肉前，先划上几刀""蔬菜要用旺火快炒"

这些非常接地气的小窍门。

甚至，你可能对此略有耳闻，当时却因不知道该做何用途而没有留意，

或是忙于手中之事而抛之脑后了。

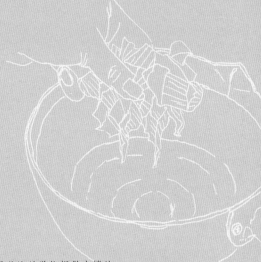

其实，看似简单的"诀窍"背后是有严谨的科学依据做支撑的。

这些看上去"可有可无"的步骤才是美味诞生的关键。

这无关才能或领悟能力。

只要你遵循科学法则，正确使用"技巧"，就可以获得使食物变得美味的魔法。

本书对食谱中不会提及的"窍门"及其背后的科学原理进行了详细说明。

掌握这些技巧的目的不是制作复杂的法国大餐或是高级的怀石料理，

而是为了让普通的一日三餐变得更加美味。

怀着同样想法的你，只要掌握个中窍门，

任何料理都能轻松应对，成为真正的料理达人。

目录

蔬果的诀窍

沙拉、炒菜、煮菜，
以生食为主的各种蔬菜的烹饪方法；
洗法、切法、火候,等等。
让蔬菜和水果更加美味的小技巧，
一起来学习吧！

1 适合漂洗的蔬菜，适合搓洗的蔬菜

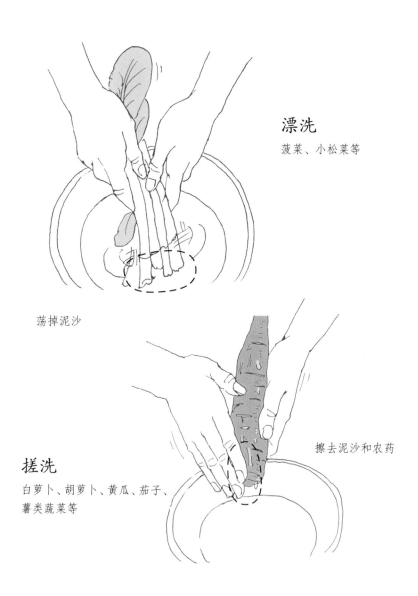

漂洗
菠菜、小松菜等

荡掉泥沙

擦去泥沙和农药

搓洗
白萝卜、胡萝卜、黄瓜、茄子、薯类蔬菜等

効果（漂洗）
洗去泥污。

効果（搓洗）
洗掉蔬菜表面的泥污和农药。

牛蒡、莲藕、土豆这些
根茎类蔬菜要用小刷子
或海绵来清洗

要点解析

　　菠菜、小松菜这类叶菜要充分浸泡在水中来回摆动清洗。根部的茎干重叠之处非常容易藏纳泥沙，所以要用来回摆动的方式去掉泥沙。叶子上沾的泥巴，以同样方法清洗。

　　白萝卜、胡萝卜这类根茎菜或是黄瓜、番茄这类果菜则需要仔细搓洗，去除泥沙和农药残留。另外，在清洗牛蒡、芋芳等蔬菜时，可以使用清洁海绵或刷子。由于牛蒡的皮带有香味，所以无须过度清洗。

3

2 蔬菜切丝后稍用凉水浸泡

在凉水中
稍微泡一下

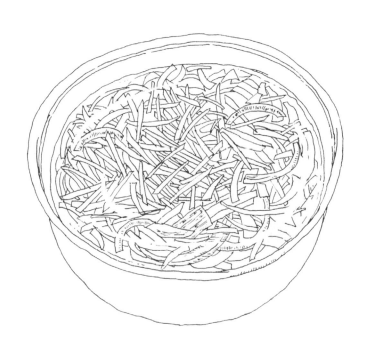

卷心菜、黄瓜、生菜等蔬菜

效果

① 有更爽脆的口感。

② 防止氧化变色。

③ 可去除蔬菜涩味。

● **料理示例**

凉拌卷心菜丝、
蔬菜沙拉等

🔍 要点解析

受渗透压的影响，植物细胞内的小分子会在细胞壁内外游动。而细胞液的渗透压大约和浓度为 0.85% 的盐水相近。所以当蔬菜浸泡在水中时，水分子会进入细胞内，细胞吸水膨胀，蔬菜的口感就会变得爽脆。

此外，浸入水中后，蔬菜和酶的接触被阻隔，不但可以防止变色，还能去除能溶于水的涩味成分。但是，蔬菜不能久泡，否则会导致水溶性的维生素 B 群和维生素 C 的流失。

3 蔬菜到底该横着切还是竖着切

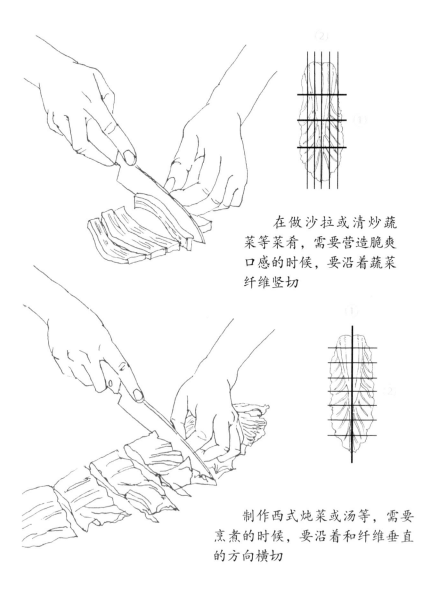

在做沙拉或清炒蔬菜等菜肴，需要营造脆爽口感的时候，要沿着蔬菜纤维竖切

制作西式炖菜或汤等，需要烹煮的时候，要沿着和纤维垂直的方向横切

效果（竖切）
鲜嫩爽口。

效果（横切）
更易熟。

● **料理示例**（竖切）
蔬菜沙拉、
青椒肉丝等

● **料理示例**（横切）
土豆烧肉、
西式炖菜等

🔍 要点解析

不同的切法，会让蔬菜的味道和口感发生变化。如果你想保留蔬菜的口感，就要沿着纤维竖切。像白萝卜、卷心菜在切丝的时候，竖切会让口感更脆劲。因此，直接生吃的沙拉更适合竖切。

与竖切不同，横切就相当于把纤维切断，口感会不如竖切那么脆。但是，其优点在于加盐之后蔬菜中的水分会迅速流失，加热时蔬菜更容易熟烂。

4 卷心菜不要用刀切，用手撕

撕成适合食用的大小

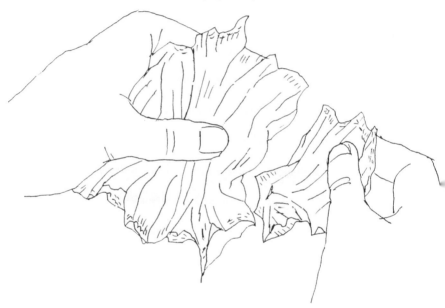

效果

便于包裹沙拉酱。

用铁质菜刀切过的卷心菜更容易发黑

🔍 **要点解析**

在用卷心菜做沙拉等料理时，将其用手撕成合适的大小食用。通过手撕可以增大断面的表面积。这个做法能让沙拉酱等调味料更顺利地包裹到蔬菜上。

此外，卷心菜内含有丰富的槲皮素等多酚类物质。这种多酚物质和铁离子接触后会形成蓝黑色物质，所以铁质菜刀切过的卷心菜，其切面会有发黑的情况。

5 整颗土豆用凉水煮

从凉水开始慢慢煮

效果 从外到内受热均匀，不会煮得过烂、散掉。

● **料理示例**

出粉土豆等

🔍 要点解析

在煮整个或者大块土豆时，一定要将它放到凉水中煮。

如果用热水煮，土豆表面会被迅速加热，而中间则难以煮透。在内芯熟透之前，表面已经被煮软、煮散了。但是，如果放在凉水中，土豆内芯和表面会同步缓慢升温。

而且，将土豆整个煮制或者切大块煮可以有效避免水溶性维生素的流失。

6 黄绿色蔬菜焯水时不盖锅盖

菠菜、小松菜等

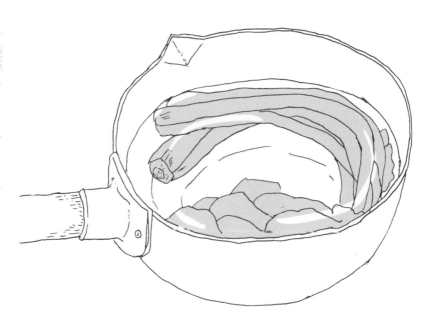

焯过的蔬菜立刻
过冷水，可以让
颜色更好看

效果

防止蔬菜变色。

不盖锅盖，让有机酸挥发

🔍 要点解析

　　黄绿色蔬菜中富含醋酸、草酸等有机酸。通过加热，蔬菜组织被破坏之后，这些酸就会溶入水中，让水变成酸性。这样一来，蔬菜的颜色会变得难看。但是，有机酸容易挥发，所以去掉盖子，让它挥发到空气中，即可避免蔬菜变色。

　　如果希望蔬菜颜色更加鲜亮，在出水后迅速将蔬菜过一遍冷水即可防止变色。待其冷却之后注意及时控干水分。

7 煮藕、牛蒡、独活的时候，在水里滴点醋

根据不同材料，加入2%～3%的醋

效果

① 使菜色更亮白。

② 使口感更脆。

● 料理示例

白煮[1]、
醋藕[2]、
花莲藕[3] 等

🔍 要点解析

　　一般来说，涩味较重的莲藕、牛蒡在切好后都要放在加过醋的水中浸泡。同样，在焯水时加一点醋会使它们颜色更好看。而且，这样还可以防止这些蔬菜煮得过软，没有口感。其原理在于这类蔬菜中富含的果胶可以使蔬菜细胞结合得更紧密，而弱酸性的汤汁让果胶变得更难以被分解，保持硬脆质地。至于醋的添加量，要根据具体蔬菜来决定。

---

1. 白煮：日本风味煮菜之一，特点在于保持菜的原味。

2. 醋藕：用醋等调料的汤汁煮制藕片，晾凉后食用的菜肴。

3. 花莲藕：把莲藕切成花的形状进行烹饪的菜品。

肉类 — 海鲜 — 鸡蛋 — 米饭面包面条 — 预处理 — 烹饪 — 调味 — 厨具 — 搭配 — 饮品 — 保存 — 挑选食材

效果

① 使菜色更亮白。

② 使口感更脆。

● 料理示例

白煮[1]、
醋藕[2]、
花莲藕[3] 等

🔍 要点解析

　　一般来说，涩味较重的莲藕、牛蒡在切好后都要放在加过醋的水中浸泡。同样，在焯水时加一点醋会使它们颜色更好看。而且，这样还可以防止这些蔬菜煮得过软，没有口感。其原理在于这类蔬菜中富含的果胶可以使蔬菜细胞结合得更紧密，而弱酸性的汤汁让果胶变得更难以被分解，保持硬脆质地。至于醋的添加量，要根据具体蔬菜来决定。

---

1. 白煮：日本风味煮菜之一，特点在于保持菜的原味。

2. 醋藕：用醋等调料的汤汁煮制藕片，晾凉后食用的菜肴。

3. 花莲藕：把莲藕切成花的形状进行烹饪的菜品。

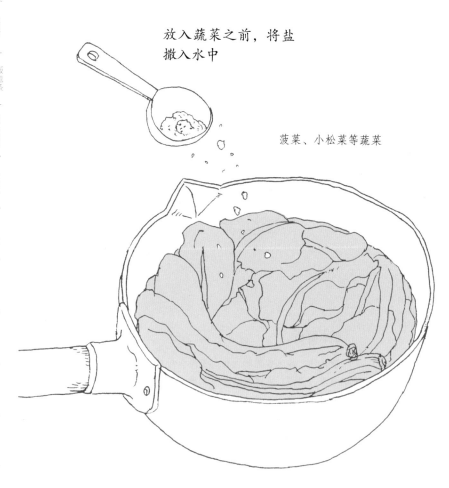

8　菠菜焯水加点盐

放入蔬菜之前，将盐撒入水中

菠菜、小松菜等蔬菜

蔬菜的绿色会更鲜亮。

效果

● **料理示例**

凉拌菠菜、
炒芝麻碎拌小松菜等

🔍 要点解析

类似菠菜的绿叶菜中含有丰富的叶绿素。而盐里的钠离子可以置换叶绿素中的镁离子，从而达到防止菜色变黑、保持鲜亮颜色的功效。

关于盐的用量，在约等于蔬菜体积 5~10 倍的水里，放入 0.5% 的盐即可。

另外，叶绿素不耐热，要想让菜色漂亮，在焯过水后立刻将蔬菜放在冷水中降温即可。

9　耐煮的土豆

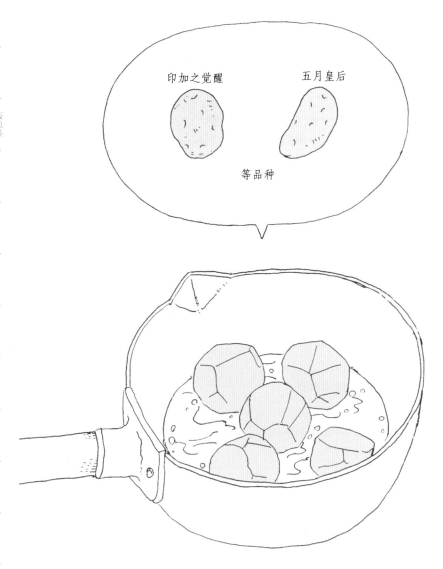

印加之觉醒　　　五月皇后

等品种

效果

防止煮得不成形。

● **料理示例**

咖喱、
西式炖菜等

🔍 要点解析

土豆的品种里面，既有淀粉含量丰富的粉质土豆，也有淀粉含量较少的黏质土豆。黏质土豆的果胶很难被分解或析出，所以在制作咖喱、土豆炖肉这类需要保持土豆形状的料理的时候，更适合使用黏质的土豆。像名气很响亮的五月皇后、印加之觉醒就属于黏质土豆。

而以男爵、北光为代表的粉质土豆，以其柔软蓬松的口感而出名。这种类型的土豆也适合做土豆泥、出粉土豆等需要蓬松口感的料理。

19

10 土豆、红薯过筛要趁热

趁热快速处理

※ 在使用食品搅拌机、捣碎器时，
也同样遵循此原则

效果

① 防止粘黏。

② 使过筛操作更轻松。

● **料理示例**

土豆泥、
金团等

🔍 要点解析

　　土豆、红薯在煮熟后一定要趁热过筛或捣碎，这是基本原则。土豆泥的黏性是淀粉糊化后从细胞中流出而产生的。

　　受热之后，细胞壁内果胶的流动性增加。细胞中糊化后的淀粉在高温状态下仍处于闭锁状态，所以细胞和细胞之间很容易分离。但是，冷却后的果胶会变硬，如果强行捣碎，就会将细胞膜挤破，糊化的淀粉就流出来了。

11　沙拉酱和蔬菜的搭配

效果

促进脂溶性维生素的吸收。

● **料理示例**

土豆沙拉、
热蔬菜沙拉等

要点解析

听起来零脂肪沙拉酱似乎更加有益于健康。但事实上，维生素 A、D、K、E 这类脂溶性维生素要溶于油脂之后才能被小肠吸收。因此，在食用胡萝卜、菠菜等富含胡萝卜素的黄绿色蔬菜时，搭配含油脂的蛋黄酱、沙拉酱更加科学。

只是，油醋混合而成的法式沙拉酱容易分层，使用前要多搅拌一下，或者将其换成蛋黄酱也是一种不错的选择。

12 水果常温好吃，还是冰镇好吃？

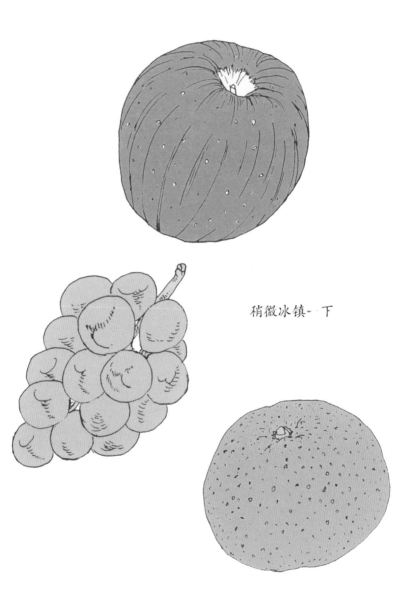

稍微冰镇一下

効果

増加甜度。

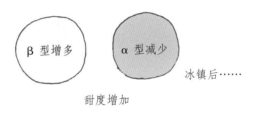

β 型增多　　α 型减少

冰镇后……

甜度增加

🔍 要点解析

让苹果产生甜味的果糖、葡萄糖有两种物质，分别为甜味较弱的 α 型物质和甜味较强的 β 型物质。它们的甜度会根据温度的变化而变化。在低温环境中，α 型物质减少而 β 型物质增多，因此甜度会增加；而在高温环境中，α 型物质增加而 β 型物质减少，所以酸味会增强。不过，热带水果冷冻时间过长的话，会出现冻伤，所以只需在食用前一个小时左右放进冰箱就好了。在甜度被水果的冰凉感放大的同时，口腔内的温度也会让果物的芬芳蔓延开来。

13 适合趁新鲜吃的水果，适合放放再吃的水果

香蕉、苹果、芒果等

可以放置的水果

葡萄、柑橘、蓝莓、草莓、菠萝等

要尽快吃掉的水果

效果（可以放置的水果）
放置一段时间，甜度会增加。

效果（需要尽快吃掉的水果）
甜度不会随着放置时间而增加，趁新鲜更好吃。

随着时间流逝

腐败坏掉的水果

慢慢成熟的水果　　乙烯催熟

🔍 要点解析

　　苹果是众所周知的可以释放出植物激素——乙烯的水果，但你可能不知道，很多水果都有这个"特殊技能"。其实，在采摘后可以用乙烯催熟的水果被称为跃变型水果。其中，香蕉、苹果、芒果等水果在成熟之后甜度会增加。

　　而柑橘类、浆果类、菠萝等非跃变型水果在采摘之后不会继续成熟，时间长了就会腐坏，所以更适合趁新鲜吃。

14　切好的苹果，泡在盐水里

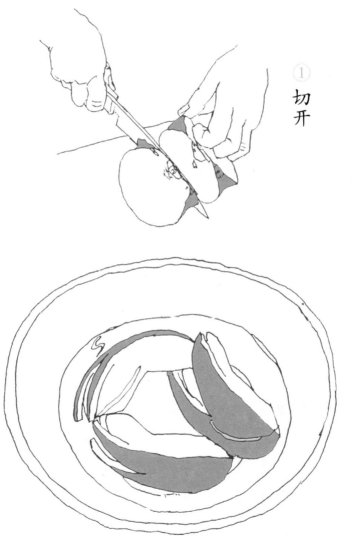

① 切开

② 在1%的盐水里浸泡20～30秒

防止变色。

效果

● **料理示例**

苹果等

🔍 要点解析

同时含有酚类物质和氧化酶的苹果在切开后容易因为氧化而变色。当苹果泡在盐水中后，氧化酶失去活性，就不会继续产生氧化反应。苹果在切开后要立刻泡在浓度为 1% 的盐水中。如果浸泡时间过长，一部分水溶性维生素就会析出，所以浸泡时间应控制在 20~30 秒之内，最长不超过 5 分钟。

如果你不喜欢带有咸味的苹果，用柠檬水或醋水来浸泡也可以达到同样效果。

肉的烹调诀窍

牛排、炸猪排、汉堡肉饼……
占据菜肴大半边天的肉类，
烹饪不当会变得难以咀嚼，口感干巴巴的。
让我们一起看看零失败的肉类料理烹调方法吧。

15 | 提前半小时将肉拿出放至常温

无须去掉包装

效果

烹饪时受热更均匀。

● **料理示例**

烤牛肉、
牛排、
嫩煎猪肉

🔍 要点解析

　　刚从冰箱拿出来的肉温度会非常低，表面一旦受热，蛋白质就会凝固，加剧内外的温差。要想将肉中间加热至熟透，需要花更多时间。这样一来，表面很容易被烤焦。而且，烹饪时间过长的话，肉中的油脂、肉汁和香味也会流失。

　　为了避免出现这种情况，可以在烹饪前半小时提前将肉从冰箱拿出，放至常温再进行处理。

16 烹饪前，让肉放松放松

用松肉锤轻轻敲打

如果家里没有松肉锤，可以用擀面杖、啤酒瓶等工具替代

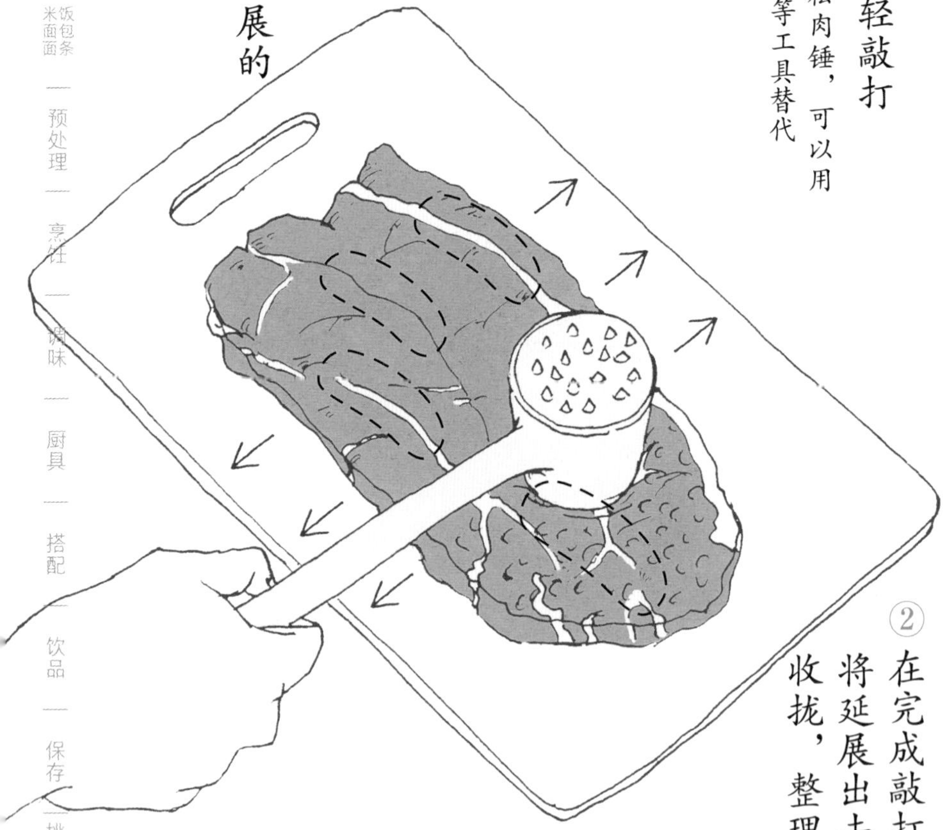

① 以向四周延展的方式敲打

② 在完成敲打之后，将延展出去的部分收拢，整理形状

效果

通过捶打，使肉质更柔软。

● **料理示例**

烤牛排、
炸猪排

🔍 **要点解析**

　　肉在加热之后，由于肌原纤维蛋白质的凝固、胶原蛋白的收缩等因素，整体上肉的形状会变得缩紧、卷曲。怎样避免这一现象呢？在烹饪前将肉锤打放松一下即可。如果没有松肉锤，用刀背操作也可以有同样的效果。操作手法是：将刀背保持和肉纤维垂直的方向，将肉正反两面呈格子形状各捶打二十几下，边边角角也要处理到。有筋的地方用刀割断。切断纤维之后再加热就不会出现收缩，其口感柔软且形状不会发生改变。

17 切肉的时候，从和纤维垂直的角度下刀

切割方向与纤维成直角

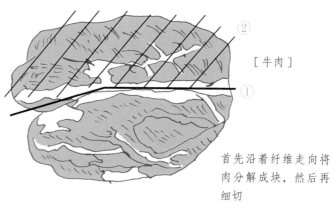

［牛肉］

①

②

首先沿着纤维走向将肉分解成块，然后再细切

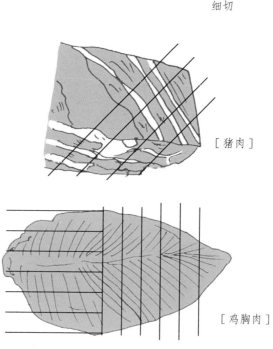

［猪肉］

［鸡胸肉］

効果

肉变得柔软、易嚼。

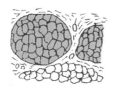

垂直于纤维下刀后的
断面形状

🔍 要点解析

　　无论是高品质的肉，还是一般的肉，单凭切法就可以影响其口感的软硬。从本质上讲，肉的构造就是由肌球蛋白和肌动蛋白组成的纤维块。和鱼相比，肉的纤维更长、更结实，要是不经过处理，吃起来会又硬又费牙。所以，要想将肉的纤维切得更短一些，就要沿着和肉纤维垂直的角度来切。切牛肉的时候，先顺着纤维将肉分解成几大块，再从垂直的角度细切。用这个方法处理过的肉，会更容易烹制。

| 18 | 加热前，先在肉上划几刀 |

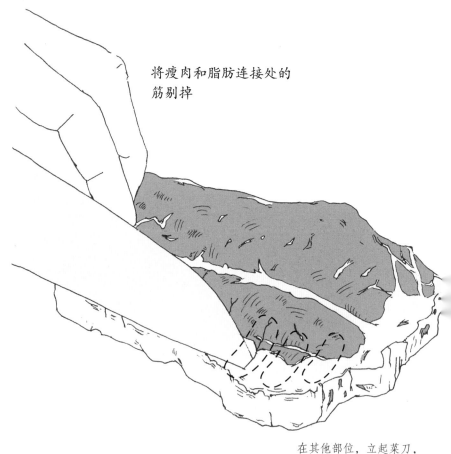

将瘦肉和脂肪连接处的
筋剔掉

在其他部位，立起菜刀，
浅浅地划口子

效果

① 使肉受热更均匀。

② 防止肉收缩、变形。

● **料理示例**

煎牛排、
炸猪排等

🔍 要点解析

　　肉在受热之后，会出现蛋白质热变性及纤维收缩等现象，由此导致肉块缩小、变形。在烹饪牛排等肉类时，对肉进行拍打预处理可以有效防止热收缩。

　　不过，松肉器只能切断纤维，无法处理较硬的筋。所以瘦肉和脂肪连接部位的筋要用刀来割成小段。这个做法可以防止肉块变形，使受热更均匀。

19 牛肉吃生，猪肉吃熟

[牛肉]

半熟也能吃

[猪肉]

加热至熟透后
才能吃

效果（牛肉）

可以尽情享受牛肉的风味。

效果（猪肉）

消灭寄生虫。

● **料理示例**

煎牛排、
煎猪排等

🔍 要点解析

　　理论上，肉是可以生食的。但是猪肉有感染寄生虫或携带病原菌的风险，所以要煮熟煮透之后再食用。切得较厚的猪肉的煎法和汉堡肉饼的煎法相似，先用大火上色再换小火慢煎。

　　而牛肉的风味在于其甘美。无论是切厚片生吃，还是加热至五成熟都很美味，可以通过调整煎烤程度来享受不同的风味。

20 偏硬的肉用红酒腌制后再炖煮

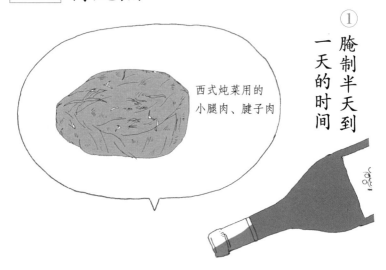

西式炖菜用的小腿肉、腱子肉

① 腌制半天到一天的时间

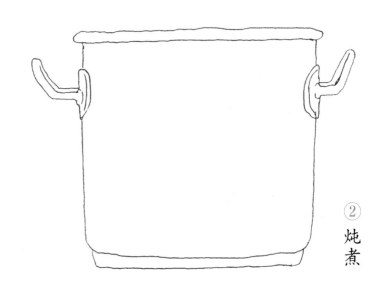

② 炖煮

软化蛋白质。

效果

● **料理示例**

清炖牛肉、
咖喱等

🔍 要点解析

　　肌肉束表面所包裹的膜是一种胶原蛋白，它是构成肉基质蛋白质的主要成分，是一种硬度较大的蛋白质。

　　但是，它有一个特性——遇酸会软化。而且，在长时间加热之后，这种胶原蛋白会被分解为明胶，变得松散，吃起来口感柔软。

　　相反，如果只是对肉进行短时间加热的话，胶原蛋白会收缩，肉的质地会变得像橡胶一样硬。

21 牛肉各个部位的不同吃法

肋眼肉

肥瘦相宜，很容易出大理石纹，除了可以做牛排，切成薄片煮火锅或者涮着吃也是不错的选择。

嫩肩里脊

肋眼肉

牛肩肉

牛肋肉

嫩肩里脊

位于牛背部，是距离头部最近的肉。肉质十分细腻，因为筋较多，所以切厚片食用口感更好。用来涮火锅或者炖煮都不错。

牛肩肉

蛋白质含量丰富，类脂质含量较少。肉汁十足、明胶含量丰富，所以更适合做需要长时间炖煮的西式炖菜或者汤。

牛肋肉

位于胸腹部，因其瘦肉和肥肉层次相间分布，也被称为牛五花。味道浓郁醇香，适合烤着吃或涮着吃。

里脊

每头牛身上产出的里脊肉非常有限，所以里脊肉一向被视为高级品。最高级的煎牛排——夏多勃里昂牛排选用的就是这个部位。适合用来做牛排。

牛腰肉

著名的西冷牛排使用的就是这个部位的肉。牛腰肉大理石纹丰富、肉质柔软。也非常适合做涮牛肉、日式牛肉火锅。

牛臀肉

指牛的腰臀部位的肉。口感柔软又不失风味，适合多种吃法，如烤牛肉、牛排等。

牛腰肉

里脊

牛臀肉

外腿肉

外腿肉

位于后腿根部，因为脂肪含量较少，所以肉质较硬。适合薄切后爆炒或烧烤。也可以剁成肉馅做成汉堡牛肉饼。

🔍 **要点解析**

　　肉质柔软、脂肪含量较高的牛腰肉适合用来做牛排。里脊脂肪含量少。大理石纹分布均匀的肋眼肉适合薄切煮火锅或者涮着吃。

　　脂肪较少、味道浓郁的牛肩肉适合炖煮，比如做成咖喱或者西式炖菜。牛臀肉最适合做成烤牛肉。肥瘦相间的牛肋肉适合切薄片烧烤或者切块炖煮。

22 猪肉各个部位的不同吃法

梅花肉

肥瘦合适，风味浓郁，鲜美可口。是猪肉中风味最突出的部位，适合多种食用方法。用来做猪肉炖番茄、蔬菜肉块浓汤、姜末猪肉片都是不错的选择。

梅花肉

前腿肉

五

前腿肉

这个部位的肉经常活动，所以瘦肉较多、肉质稍硬。经过长时间炖煮，胶原蛋白会溶出，可以将其切成方块和其他材料一起炖煮。推荐做法有蔬菜猪肉浓汤和西式炖菜。

五花肉

脂肪含量最高、热量最高的就是五花肉了。如果想吃清淡一点，可以在烹饪前焯一下水。五花肉的做法多样，可以用来炖、炒、烤、熏，滋味变化无穷。

腰柳

也是一种产量很少的高级肉质柔软细腻，富含维生B1。脂肪含量少，味道素适合炸猪排等用油较多理。

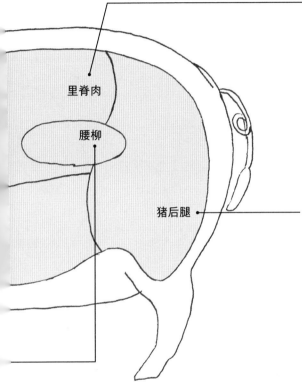

里脊肉

里脊部位的瘦肉和肥肉边界分明，肉质柔软。适合用来涮、炒，以及炸猪排或者制作火腿。

猪后腿

适合水煮肉、烤肉等块状烹调方式。这个部位的瘦肉中富含维生素B1。也适合切片做成猪肉酱汤。

🔍 **要点解析**

　　细嫩少脂的腰柳肉和油的兼容性很好，适合做炸猪排等用油较多的料理。

　　无论是做成韩式烤肉，还是家常炒肉，五花肉都肉质鲜嫩、味道浓郁。除了制作熏肉，带骨猪肋排还可以用来炖煮。

　　瘦肉较多的梅花肉或是前腿肉适合炖煮或者做肉馅。最细嫩的里脊肉适合做成火腿或者嫩煎。后腿肉的话，从去骨火腿、西式炖菜到猪肉酱汤等，吃法多多，应有尽有。

23　鸡肉各个部位的不同吃法

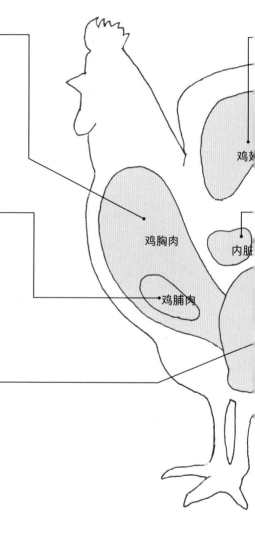

鸡胸肉

脂肪含量少，蛋白质丰富。肉质细嫩、味道清淡，适合油炸等用油较多的烹饪方式。和奶酪搭配起来也十分合适。

鸡脯肉

位于鸡胸肉的内侧，形状像小竹叶。鸡脯肉蛋白质含量高且热量低，所以非常适合增肌减脂的人群食用。柔软的质地和清淡的味道也十分适合生吃。不过，鸡脯肉在加热之后容易变硬，只要加一点酒，蒸出来的鸡肉就会变得蓬松又美味。

鸡腿

鸡腿肉味道十分鲜美，直接油炸或者嫩煎都是不错的选择。搭配奶油或者番茄炖煮也非常美味。如果希望降低热量的话，可以在预处理时焯一下水，去皮之后再进行烹饪。

鸡翅

内脏

鸡胸肉

鸡脯肉

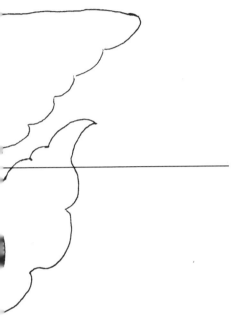

鸡翅

胶原蛋白含量丰富。味道浓郁，从骨头中可以熬出鲜美的鸡汁，所以和长时间炖煮的料理非常搭。不过，将鸡翅油炸的吃法也非常受欢迎。

内脏

鸡的内脏比较小，很好处理。鸡心、鸡肝含有丰富的铁、铜等矿物元素。没什么特殊味道，多数人都可以接受。其弹性十足的口感非常特别，可以做成烤鸡杂串，如果食材够新鲜的话，生吃也不错。

🔍 要点解析

鸡肉也可以生吃，比如拌生鸡片。清爽细腻的鸡脯肉用来切片生食再适合不过了。

翅尖等带骨头的肉煮起来比较费时，但是肉基本上不会收缩，所以适合煮食。脂肪丰富、味道鲜美多汁的鸡腿肉适合油炸或者嫩煎。

鸡肉的皮柔软且含有丰富的胶原蛋白，如果带皮烹饪，味道会更加惊艳。

24 汉堡肉饼，由牛肉、猪肉混合而成

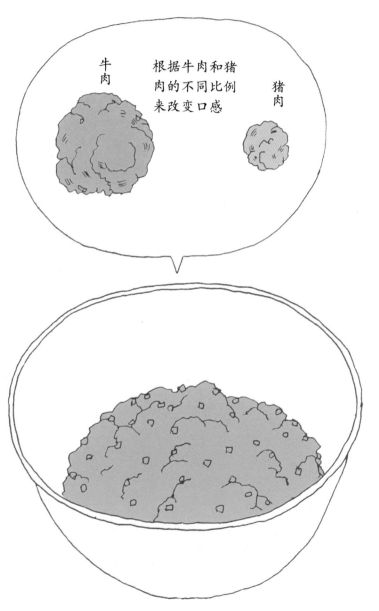

牛肉

根据牛肉和猪肉的不同比例来改变口感

猪肉

效果

口感柔软，味道柔和。

多放牛肉肉味更浓郁

多放一点猪肉更柔软

🔍 要点解析

关于肉馅的比例：如果猪肉加得多一点，肉质会更柔软；牛肉加得多一点，肉味会更浓郁。所以，如果做给小孩或是老人吃，可以选择猪肉多一点。

此外，不同部位的肉，其味道和软硬度也不同。瘦肉偏多时，肉饼会偏硬；而肥肉较多时，只添加牛肉也没什么问题！适度的脂肪可以产生更好的味道和口感。具体添加比例可以根据自己的喜好，不过将牛肉和猪肉以6∶4的比例添加可以完美获得肉香浓郁和柔软多汁两种效果。

25 在肉糜成形之前放盐并充分搅拌

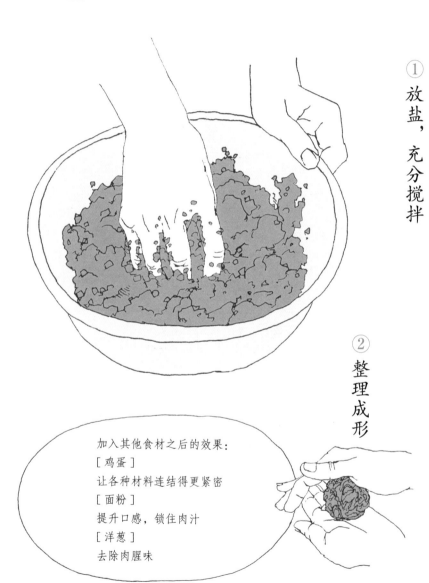

① 放盐，充分搅拌

② 整理成形

加入其他食材之后的效果：

[鸡蛋]
让各种材料连结得更紧密

[面粉]
提升口感，锁住肉汁

[洋葱]
去除肉腥味

効果

利于保持形状，防止散掉。

● **料理示例**

炸肉丸子、
汉堡包、
牛肉糕等

🔍 要点解析

在撒盐之后，要持续对肉馅进行搅拌，直到瘦肉中的肌球蛋白和肌动蛋白产生黏性为止。由此产生的黏度可以防止肉饼在加热时出现散掉或破裂的情况。

不过，单纯只用肉做馅料的话，制作出的饼可能会过硬或者没什么水分，所以可以添加一些水或者其他辅料。搅拌过度也可能造成肉饼过硬，因此搅拌至肉馅抱团就停止，再整理成形。

26 搅拌肉馅要麻利

可以一边在冰水中冷却，
一边搅拌

効果

防止高温腐坏。

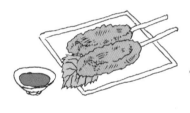

● **料理示例**

汉堡包、
捏丸子、
饺子、
烧卖等

🔍 要点解析

　　肉馅的表面积较大、容易滋生细菌，从而腐败变质。在慢慢搅拌的过程中，温度会逐渐上升，肉就容易腐坏。所以，在搅拌时速度十分关键。用整个手掌发力，尽量在短时间内完成搅拌。一直搅拌至肉馅开始有黏性、方便成形为止。

　　如果在夏季，可以先准备一盆冰水，一边给肉馅降温一边搅拌。

27 让汉堡肉饼中间部分薄一点

效果

中间部分更容易熟透。

如果直接煎炸，
中间部分会隆起

要点解析

　　包裹了空气的肉饼热传导会变差，要想煎至全熟，需要耗费较长时间。肉饼在较厚的情况下很容易煎糊，出现直到表面焦了，里面还没有断生的情况。

　　此外，当煎烤温度超过60℃的时候，肉的肌浆蛋白质会发生凝固，胶原蛋白也会收缩。导致肉饼中间部分向上鼓起。为了避免这一现象，在捏饼的时候将中间部分稍微压薄一点，这样加热起来就不会那么费劲了。

28 汉堡肉饼，大火上色小火慢煎

② 然后小火慢煎

① 开大火直到上色

效果

防止煎糊或者夹生。

由于肉馅里包裹了空气，所以在煎的时候需要花时间

🔍 **要点解析**

　　在汉堡肉饼捏制好后，可以用手多拍打几下，排排气。这样做的原因在于肉馅中包裹了较多的空气，空气的存在让肉饼的热传导变差，不像加热整块牛排那么容易。

　　为了达到外脆里嫩的效果，最开始要用大火使表面凝固成形。表面出现焦黄色之后，慢慢由中火转小火。如果想营造多汁的效果，可以加盖焖烤或者使用烤箱。

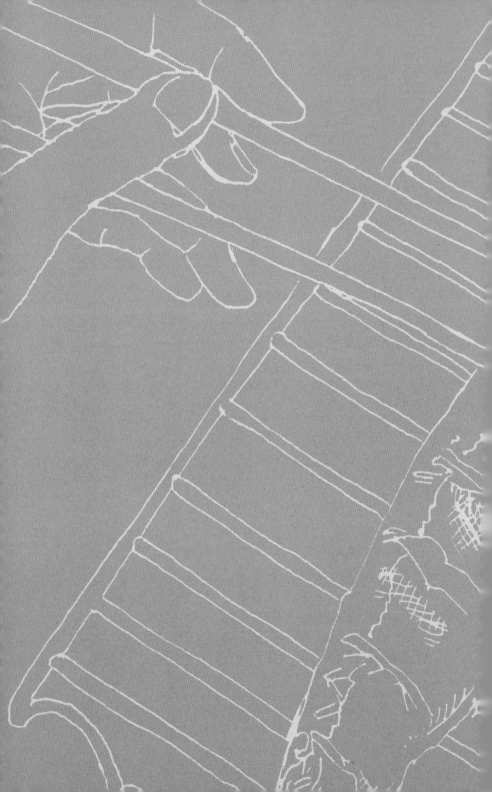

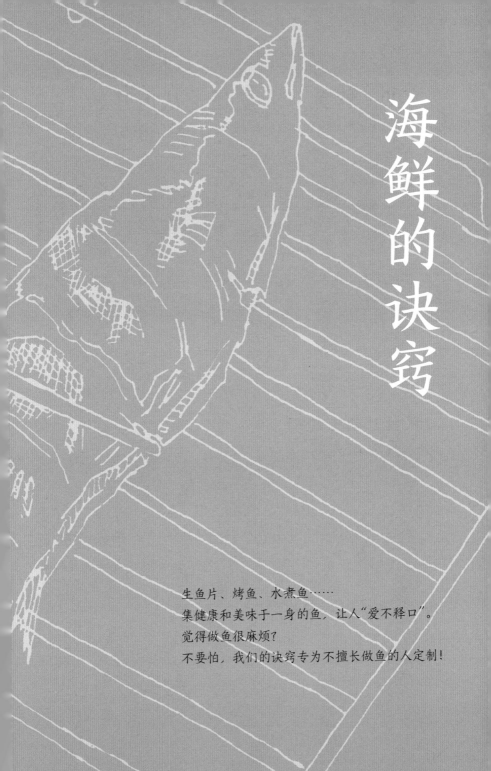

海鲜的诀窍

生鱼片、烤鱼、水煮鱼……
集健康和美味于一身的鱼，让人"爱不释口"。
觉得做鱼很麻烦？
不要怕，我们的诀窍专为不擅长做鱼的人定制！

29　烤鱼从表皮还是从肉开始

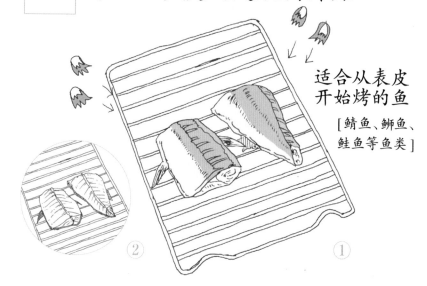

适合从表皮开始烤的鱼

[鲭鱼、鲥鱼、鲑鱼等鱼类]

②　①

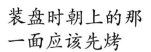

装盘时朝上的那一面应该先烤

适合从内里开始烤的鱼

[晒干的花鲫鱼、竹荚鱼等]

②　①

※图示为从上方加热时的情形

烤出的鱼外形漂亮。效果

如果从装盘时朝下的那面开始烤的话，朝上那面的颜色看上去会比较脏

🔍 要点解析

　　一般在烤鱼的时候，都会先烤装盘时朝上的那面，这是惯例。先烤好的那面形成的颜色会更好看。鱼块的话一般都是表皮朝上放，所以先烤皮。干鱼是将腹腔摊开朝上放的，所以先烤内面。像需要保持整条鱼的形状的整烤，鱼的左侧会朝上放，所以从这一侧开始烤。

　　和海鱼相比，淡水鱼的皮更容易收缩，为了防止变形，淡水鱼一般先烤皮。

30 只需翻面一次

注意不要把鱼肉弄散了

外形完整、好看。

效果

可用厨房纸吸掉
多余的油脂

要点解析

　　和其他肉相比，鱼肉中的蛋白质更柔软、纤维更短，加热之后非常容易变形。要是在烤制过程中频繁翻面，可能导致破皮、鱼肉碎掉。

　　烤整条鱼的时候，鱼的左侧会成为装盘时朝上的那面，所以应该先将这侧仔细烤一遍，翻面之后的烘烤时间比之前稍短。如此，烤好的鱼上色非常漂亮。通过烤制可以去除鱼腥味的来源——三甲胺，所以烤制的鱼特别美味。

31 美味的烤鱼法：旺火远烤

小炭炉、户外烧烤、烤架等

效果

外焦里嫩。

竹荚鱼　　鲭鱼

秋刀鱼　　鲷鱼

适合小炭炉、
户外烧烤的鱼类

🔍 要点解析

在多数情况下，我们都会用烤架来烤鱼，但要想烤出更好吃的风味，可以试试小炭炉。食物经过烘烤，蛋白质与碳水化合物发生美拉德反应[1]，产生焦香味。当表面产生适当焦痕时，外观和香味都达到了最佳。最佳的烤鱼温度是200℃～300℃。如果离大火太近，容易导致外表焦煳，里面还没烤熟；如果小火慢烤，时间长了，由于水分流失，口感会变得干巴巴的。要想整体受热均匀、口感松脆的话，最理想的方法是旺火远烤。

---

1. 美拉德反应又称为"非酶棕色化反应"，是广泛存在于食品工业的一种非酶褐变，是羰基化合物（还原糖类）和氨基化合物（氨基酸和蛋白质）间的反应，经过复杂的历程最终生成棕色甚至是黑色的大分子物质类黑精或称拟黑素，所以又称羰氨反应。

32　煮鱼的时候使用小锅盖

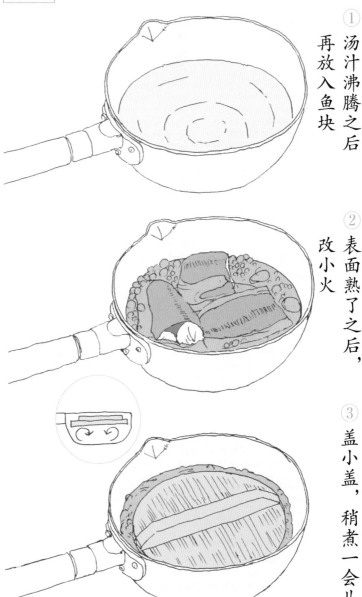

① 汤汁沸腾之后再放入鱼块

② 表面熟了之后，改小火

③ 盖小盖，稍煮一会儿

※ 也可用铝箔纸、烤箱用纸代替

① 受热均匀，更好入味。

效果

② 防止煮散。

● **料理示例**

干烧鲽鱼、
味噌鲭鱼等

🔍 要点解析

　　鱼类的蛋白质非常柔软，在短时间内就能煮熟。烹煮时，从鱼肉中会析出一些汁水，所以只需加入少量汤汁即可。放入的水和调味料的比重大约占鱼的重量的 50% ～ 70%，保持鱼头露出汤汁的状态即可。这个时候盖上小盖子，被挡在盖子底下的沸腾的汤汁还能持续在鱼的表面加热和调味。

　　此外，如果汤汁过多，在煮制过程中鱼出现抖动，鱼肉就会煮散。而盖小盖则可以成功避免这一情况。要是在煮好之后汤汁还是偏多，可以拿掉小盖，调整汤的量。

33 制作生鱼片时，哪些鱼适合切厚片，哪些鱼适合切薄片

红肉鱼切厚片
[鲣鱼、金枪鱼、鲭鱼、沙丁鱼]

白肉鱼切薄片
[鲷鱼、褐牙鲆、黄盖鲽、针鱼、河豚]

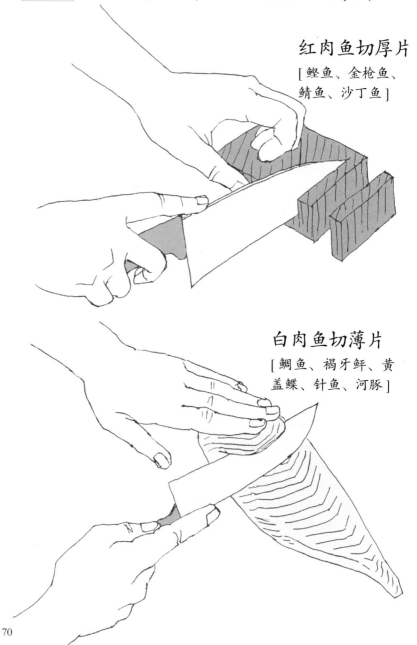

效果（厚片）

切成厚片可以享受肉的肥美。

效果（薄片）

切成薄片可以享受口感。

● **料理示例**

生鱼片等

🔍 要点解析

　　鲷鱼、褐牙鲆等白肉鱼的脂肪较少、胶原蛋白丰富。而红肉鱼属于洄游鱼，其肌肉内的蛋白质丰富、胶原蛋白相对较少。所以在选择生吃时，白肉鱼吃起来更有嚼劲和弹性，而红肉鱼吃起来肉质更柔软。所以，一般把白肉鱼片成薄片食用，其专业说法是"薄造"。而红肉鱼可以通过直切、四方切、平切等切法享受其美味。

34 白肉鱼短时间加热，红肉鱼要煮透

红肉鱼吃重味

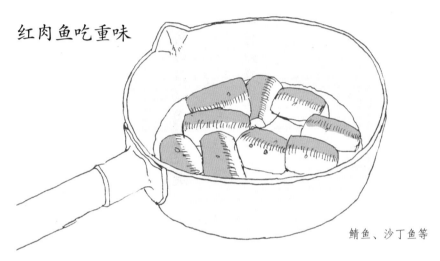

鲭鱼、沙丁鱼等

白肉鱼吃淡味

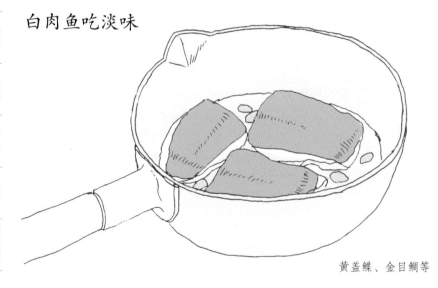

黄盖鲽、金目鲷等

效果（白肉）

突显鱼的鲜味。

效果（红肉）

抑制鱼的腥味。

● 料理示例（红肉）

梅煮沙丁鱼、
味噌鲭鱼等

● 料理示例（白肉）

干烧金目鲷等

要点解析

　　白肉鱼的味道特征在于清淡，为了突出鲜味，调味的时候要淡。而且，鱼肉中的肌浆蛋白质较少，加热之后肉块很容易散掉。所以，在短时间内完成烹调比较好。

　　另一方面，红肉鱼的风味较浓，肌浆蛋白较多，加热之后鱼肉会变得紧实。不过，红肉鱼腥味较重，需要通过充分的烹煮来彻底祛除腥味。添加梅干、酒、料酒等可去腥。

35 贝类吐沙——花蛤、文蛤用盐水，蚬贝用淡水

[花蛤、文蛤]

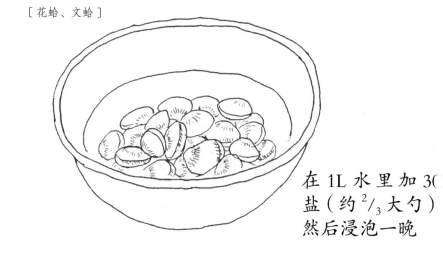

在 1L 水里加 3(盐（约 $^2/_3$ 大勺） 然后浸泡一晚

[蚬贝]

用淡水浸泡 一晚

效果

使贝类将泥沙吐出。

噗

🔍 要点解析

　　贝类在呼吸时会将泥沙带入体内。而买回家的贝类还能存活一段时间，所以我们可以将其静置一晚，吐出泥沙。

　　如果将花蛤、文蛤这类海贝放在淡水中，它们会变得虚弱。只有将它们放在和海水相似的 3% 的淡盐水中，它们才会像平时一样呼吸、吐沙。蚬贝生活在海水和淡水的交界处，可以将它放在淡水里或浓度为 1% 的淡盐水中使其吐沙。

36　贝类不用长时间加热

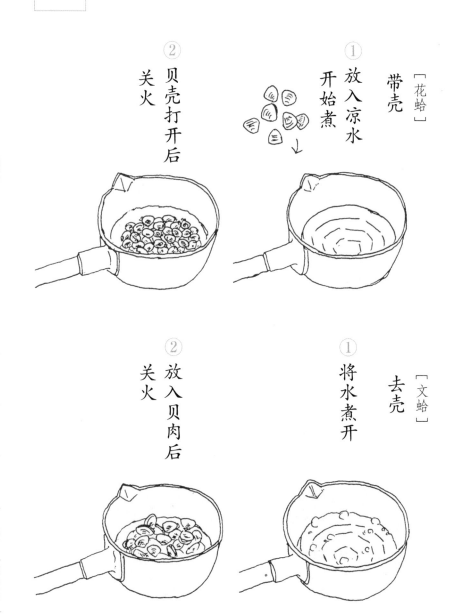

［花蛤］

带壳

① 放入凉水
开始煮

② 关火
贝壳打开后

［文蛤］

去壳

① 将水煮开

② 关火
放入贝肉后

防止肉质变得过硬。

效果

● **料理示例**

酒蒸花蛤、
味噌汤等

🔍 要点解析

　　贝类的特点在于低脂肪、低热量。但是贝类水分含量较高，长时间加热后会导致水分流失，肉质变硬。因此，要避免煮制时间过长。

　　带壳的花蛤受热后贝壳张开时即可捞出。注意不要让水煮沸。

　　如果是去壳的文蛤肉，只需将它放入沸腾的汤里然后关火。

　　制作文蛤杂烩汤的话，只需在起锅之前将贝壳加入汤中即可。

37　剖虾是从背部还是腹部下刀

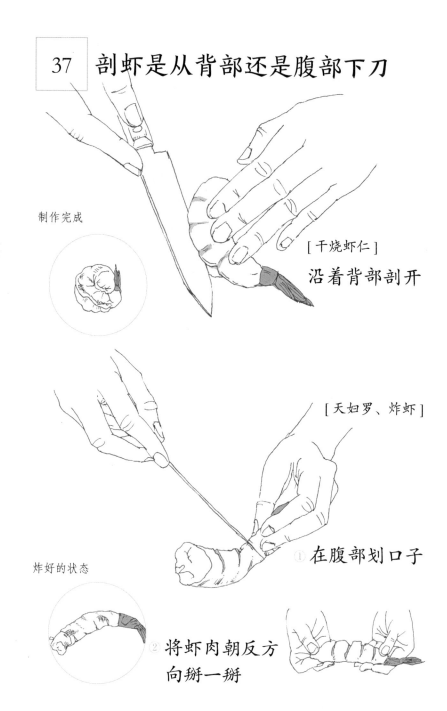

制作完成

[干烧虾仁]

沿着背部剖开

[天妇罗、炸虾]

① **在腹部划口子**

炸好的状态

② **将虾肉朝反方向掰一掰**

效果（背）
入味更好。

效果（腹）
让虾身变得直挺。

● **料理示例（腹）**
炸虾、
天妇罗等

● **料理示例（背）**
炒虾、
干烧虾仁、
八宝菜等

🔍 要点解析

　　形状笔直的虾做出的天妇罗和炸虾更加美味。要想让虾身变直，需要在它的腹部斜斜地划几道口子，然后往反方向瓣一瓣。其要点在于一直瓣到发出清脆声响为止。

　　另一方面，在制作干烧虾仁或是蛋黄酱虾仁沙拉这种需要将虾和酱料混合的菜式时，就要将虾从背部剖开。不但可以增加虾的表面积，还能使虾更好地入味。

38 给虾焯水时，放点柠檬

在沸腾的水里放 2～3 片柠檬或滴入少许柠檬汁，稍煮一会儿

① ②

效果

① 锁住鲜味。

② 去除腥味。

● **料理示例**

鲜虾沙拉、
鲜虾盅等

要点解析

要想做出弹力十足的虾肉，就要用到柠檬。只需在沸腾的水里加入少许柠檬汁或是2～3片柠檬片即可。柠檬中的柠檬酸会让虾肉中的蛋白质变硬，比起普通焯水，通过加热和柠檬酸的共同作用可以使虾肉表面更早地变硬，将鲜味锁在里面。此外，柠檬还能起到去腥的作用。

不过，如果加热时间过长，虾肉会过硬。所以大约加热数十秒到1分钟左右即可。

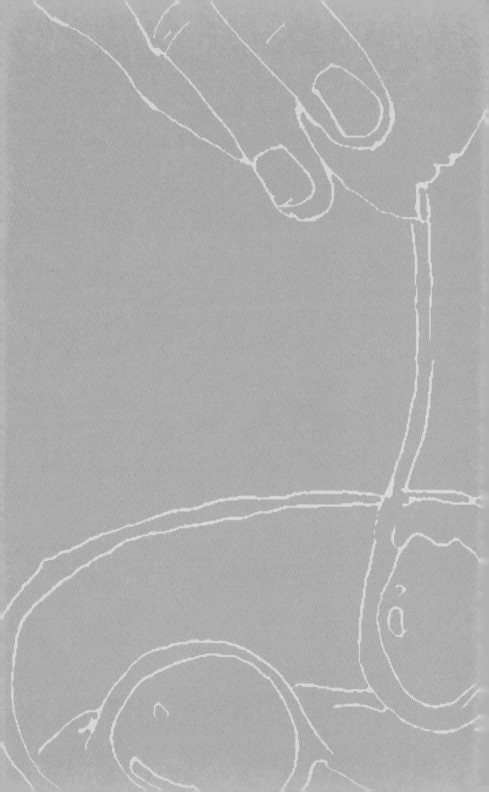

鸡蛋的诀窍

煎鸡蛋、煮鸡蛋、蛋包饭……
每天都会出现在餐桌上的鸡蛋料理。
看上去简单，做起来却不那么容易。
让鸡蛋料理变简单的诀窍，看这里！

鸡蛋

39　鸡蛋随用随开，不要敲开后放置

不要将鸡蛋敲开之后放置，等需要使用的时候再敲开

效果

防止细菌入侵，鸡蛋腐败。

蛋壳

🔍 要点解析

蛋壳是鸡蛋的保护罩，而蛋壳上的气孔是鸡蛋的呼吸通道。

蛋壳上附有一层由角质层组成的薄膜，这层薄膜可以通过调节呼吸来保护鸡蛋免受细菌入侵。但是，鸡蛋在被敲开之后水分会蒸发。由于表面积变大，鸡蛋更容易沾染细菌、附着腥味。

此外，营养丰富的蛋黄同样也是细菌的最爱。即使将鸡蛋裹着保鲜膜放在冷藏室里，细菌也会不断繁殖，让鸡蛋腐败变质。

40 打鸡蛋时应避免制造出气泡

在打鸡蛋时，尽量
将筷子沿着碗底左
右小幅度搅动，不
要搅出泡

口感好，外观也漂亮。

效果

● **料理示例**

亲子饭（鸡肉鸡蛋盖饭）、
炸猪排盖饭、
美式炒蛋、
蛋包饭等

🔍 要点解析

在打鸡蛋时，有人喜欢将鸡蛋搅到起泡。起泡后空气被包裹在蛋液里，形成气孔。带有气泡的蛋液受热凝固，这就是茶碗蒸和蛋豆腐上的"洞眼"产生的原因，而且口感也会受到影响。在打鸡蛋的时候，尽量让筷子沿着碗底左右小幅度搅动，用筷子将蛋清挑一挑，切断。这样就可以避免打出气泡。不过，如果搅拌不够充分的话，蛋清和蛋黄就会各自凝固成块。

41 摊鸡蛋薄饼之前，先刷一遍油

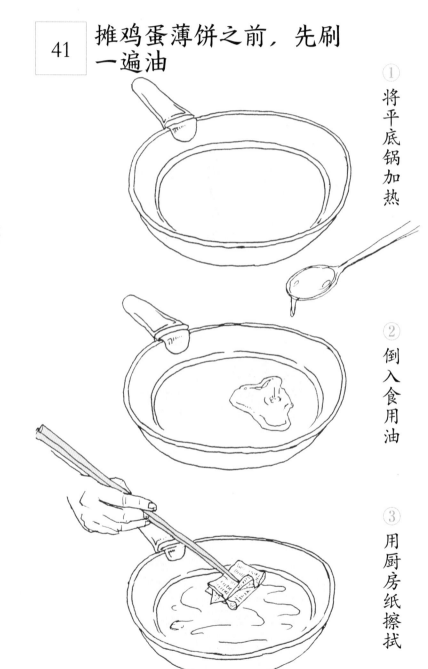

① 将平底锅加热

② 倒入食用油

③ 用厨房纸擦拭

煎好的鸡蛋不会出现焦糊。

效果

● **料理示例**

冷面、
什锦寿司里的鸡蛋丝

🔍 **要点解析**

在制作鸡蛋薄饼时，需要先用食用油将煎锅润一润，将多余的油用厨房纸擦拭掉，这样可以避免因油过多导致鸡蛋膨胀鼓起、黏糊。也可以使用刷子或是蘸过油的厨房纸在平底锅上薄薄地擦上一层油。这样煎出来的鸡蛋饼才能达到质薄而无焦糊的效果。

参照以上方法做蛋糕或法式薄饼,也可以达到非常完美的效果!

42 要想吃嫩煎蛋，那就提前关火

用余热烫熟

效果

用余热加温可以防止煎得过老。

● **料理示例**

美式炒蛋、
蛋包饭、
煎鸡蛋等

🔍 要点解析

鸡蛋的主要成分为蛋白质。在受热后，蛋白质会凝固，尤其是做美式炒蛋和无油炒蛋时，如果加热时间过长，鸡蛋中的水分会流失，口感会变得偏硬、柴。鸡蛋是一种非常易熟的食材，所以在炒鸡蛋时，可以提前关火，利用余温烫出来的鸡蛋口感蓬松又鲜嫩。

美式炒鸡蛋可以用中火炒20秒左右再用筷子搅拌。待鸡蛋达到半熟状态即可关火，最后用余温收一收。如果想吃溏心鸡蛋，也需要提前关火。

43 怎样制作完整又美味的煮鸡蛋？

① 将鸡蛋从冰箱拿出，放置至常温状态

② 在水中放一点点食盐或陈醋

③ 用筷子拨动鸡蛋使其旋转，直到水煮开为止

④ 在水中浸泡后再剥壳

🔍 要点解析

鸡蛋在放至常温后再煮，可以防止因温度变化剧烈导致的破壳。如果吃全熟鸡蛋，待水沸腾后再继续煮12～13分钟，而如果吃半熟蛋的话，加热3～4分钟即可。煮好后将鸡蛋放在冷水中降温，不仅可以防止蛋黄表面变成暗绿色，还能让蛋壳和蛋白之间产生缝隙，便于去壳。

效果
● 防止鸡蛋碎掉。

效果
● 即使蛋壳上带有裂纹，蛋白也不会溢出。

效果
● 使蛋黄保持在中间位置。

效果
● 蛋壳更容易剥落。
● 防止蛋黄表面变黑。

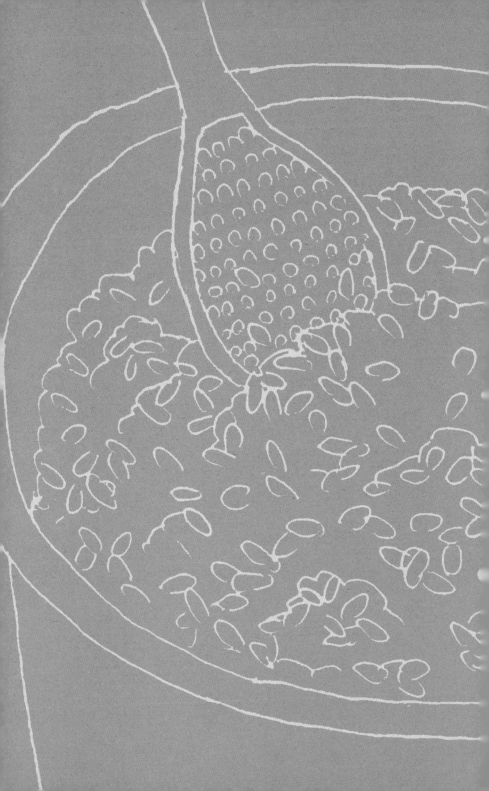

处理米饭、面包、面条的诀窍

米饭、意大利面、三明治……

如果连主食都不好吃，那是无法开启一段美味之旅的。

很基础但是很容易被忽略的米饭、意大利面、三明治的制作诀窍，都在这里。

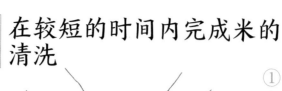

44 在较短的时间内完成米的清洗

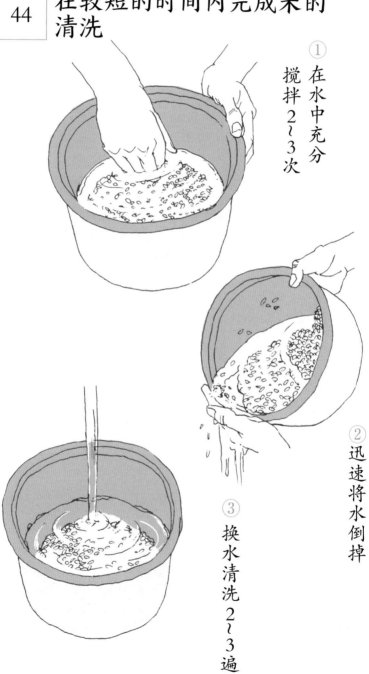

① 在水中充分搅拌2~3次

② 迅速将水倒掉

③ 换水清洗2~3遍

効果

祛除米糠味。

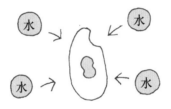

🔍 要点解析

大米是一种含水量为 15% 的干燥食品。泡入水中的米粒会大量吸水。而与此同时，米粒表面的糠也会溶入水中，这样一来，带有米糠味的水又反被米粒吸收了。所以，在淘米的时候首先让米粒在水中充分浸泡，搅拌 2～3 次，然后迅速将带有米糠味的水倒掉。

米需要洗 2～3 次，不需要淘洗至水变清澈。清洗过度，会使淀粉等物质溶出。如果用力搓洗，可能会导致米粒碎掉、营养流失，而且煮熟的饭粒容易粘连。

45 米饭在蒸熟之后，用饭勺打散

蒸 10~15 分钟之后打散

效果

去除多余水分，使米饭变得蓬松。

×

煮好的米饭，如果放置一段时间再搅拌的话，米粒会碎掉

🔍 要点解析

　　米饭在蒸好之后，需要盖着盖子继续焖 10~15 分钟。米饭在刚煮熟时，其中的水分很容易挥发。通过延长蒸的时间可以让水分浸透至米饭内芯，使淀粉产生糊化，米饭变得蓬松。

　　要是米饭蒸得过久，或是米饭在蒸好之后没有及时用饭勺搅动的话，没有完全蒸发的水分会留在米饭表面，让米饭之间产生粘连，连结成块，难以搅动。在这种状态下，如果强行搅拌的话，可能会导致米粒碎掉、变黏。

46 做寿司饭时，放醋的时机

① 煮熟之后立刻放入

② 一边扇风一边搅拌

效果

① 能使饭粒更加入味。

② 让米粒富有光泽。

以竖着向下切的方式搅拌。
最好吃的寿司饭应该是带
着光泽的

🔍 要点解析

　　米饭在蒸好之后放入寿司拌饭桶中，趁热加入寿司醋，要充分搅拌均匀。如果温度过低，味道会难以渗透。米饭在彻底放凉之后，水分会聚集在表面，做出的寿司饭就会变得湿软。

　　饭粒被弄碎之后会产生黏性，所以在搅拌的时候尽量用饭勺以竖着向下切的方式搅拌。同时，还要利用扇子扇走米饭表面的水汽，让米饭产生光泽。待米饭冷却至不烫手时，用湿布盖上，防止水分蒸发，米饭变得干燥。

101

47 蛋糕、面包怎样切更美观

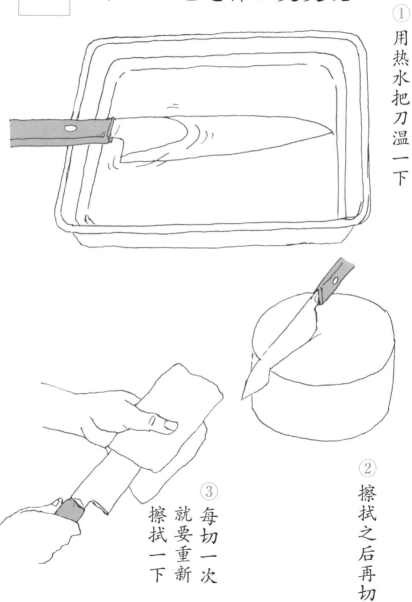

① 用热水把刀温一下

② 擦拭之后再切

③ 每切一次就要重新擦拭一下

效果

切口平整。

提前冷藏一下

锯齿形刀

🔍 要点解析

在切蛋糕、面包的时候，可以使用面包、蛋糕专用刀或者锯齿形刀。在切蛋糕时，将刀放在 45℃左右的温水里浸泡大约 30 秒，使刀稍微带一点热度。每切一刀之后用布或厨房纸擦掉刀上沾的奶油，再次泡入水中加温。后面重复此步骤。

放凉的面包比刚出炉的面包更好切，蛋糕冰镇之后更好切。将蛋糕放入冰箱冷藏后，蛋糕和奶油会融合得更好。

48 做三明治时，给面包的一面涂上黄油

在面包的一面均匀地
涂上黄油

效果

防止面包吸收水分。

水　水　水
黄油
面包

黄油形成的油膜
可以阻止水分的吸收

🔍 要点解析

要想让三明治在放置一段时间之后仍然口感不变？那就涂点黄油吧！三明治里面的夹心主要是生菜、番茄、柑橘、桃子等富含大量水分的果蔬，以及沙司、生奶油等酱料。这些湿漉漉的食材碰上蓬松多孔的面包，水分就会被吸收，面包就变得绵软了。而当面包的一面被涂上黄油，形成油膜之后，就不再会产生面包被泡软的问题。

此外，黄油还能提升面包的风味和香气，让面包和食材之间更加贴合。

49 煮意大利面时，放点盐

① 2 L水里放入1大勺盐（20 g）

② 待水沸腾之后放入意大利面

效果

入味、增加面条的弹性。

● **料理示例**

意大利实心面、
那不勒斯细面条

🔍 要点解析

煮意面时，大约用十倍于面的重量的水来煮。注意，水中要加入 0.5%~1% 的食盐，这是秘诀所在。1L 的水中加 5~10g 盐，2L 的水中加 10~20g 盐。不仅可以让意面入味，还能使煮出来的面弹力十足。

意面的主要原料是杜兰小麦（Durum Wheat），而小麦粉中的葡萄糖、氨基酸、无机质与盐结合之后会增强面的风味及香甜度，使面条更加美味。

50 让意大利面的煮制时间比指定时间稍短

煮 9~10 分钟

用 1~2 分钟
完成制作

只需 11 分钟
即可完成

效果

吃起来软硬适中，恰到好处。

最理想的效果是带有少许芯、煮得劲道的状态

🔍 要点解析

可以说，在煮意面时，是否带有面芯、劲道程度如何，影响面条味道的终极决定因素。要是煮得太过，就失去了意面独有的韧劲。如果煮好的意面没有泡水，而是直接放置于一旁的话，水分会浸透至中心部位，面条就变软了。如果将拌酱、入味的时间也算在里面，那面的煮制时间最好比指定时间再短一点。不过，笔管面等较粗的面则需要按照建议时间来煮。

51 意大利面和酱料的搭配

短意大利面（Short Pasta）	
粒粒面（Orzo）	**通心粉（Macaroni）**
适合搭配 汤、菜丝汤、蔬菜奶油沙司	适合搭配 沙拉、奶酪、橄榄油打底酱料、黄油、番茄、蔬菜
螺旋面（Fusilli）	**粗通心粉（Rigatoni）** 9～15mm
适合搭配 意面沙拉、清爽的番茄汤、奶油沙司、碳烤面	适合搭配 加入肉、蔬菜、香肠制作的汤，烤箱制作的意面料理
细粒麦粉（Semoule）	**笔管面（Penne）**
适合搭配 古斯古斯面、沙拉、淡咖喱、咖喱	适合搭配 生番茄蔬菜沙司、含香料的沙司

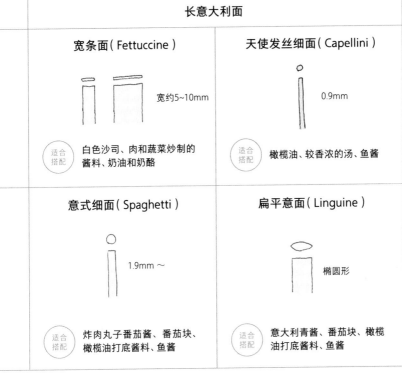

长意大利面

宽条面（Fettuccine）

宽约5~10mm

适合搭配：白色沙司、肉和蔬菜炒制的酱料、奶油和奶酪

天使发丝细面（Capellini）

0.9mm

适合搭配：橄榄油、较香浓的汤、鱼酱

意式细面（Spaghetti）

1.9mm～

适合搭配：炸肉丸子番茄酱、番茄块、橄榄油打底酱料、鱼酱

扁平意面（Linguine）

椭圆形

适合搭配：意大利青酱、番茄块、橄榄油打底酱料、鱼酱

要点解析

意面和酱的搭配是根据面的形状和酱的黏度来决定的。

细面入味非常容易，所以要避免酱料的味道过重而掩盖了面条本身的味道，适合更加清淡的酱料。因此，像天使发丝（Capellini）这种较细的面条一般适合搭配清爽的橄榄油或是由海鲜制作而成的酱汁。

与之相反，宽而扁的的千层面（Lasagna）就适合搭配味道较浓厚的肉酱，而意大利宽条面（Fettuccine）则更适合奶酪、白色沙司等黏度较大的酱料。螺旋面（Fusilli）螺旋形状的面纹易于沾附酱料，搭配材料细碎的酱料或是做成沙拉食用最为适宜。

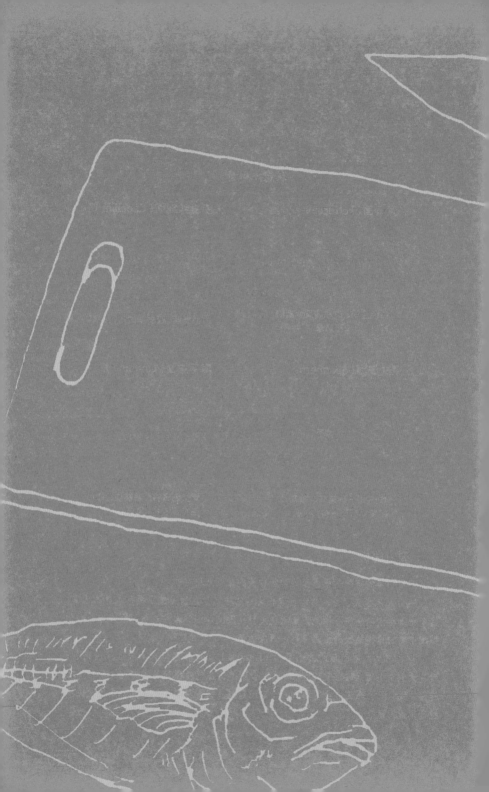

食材预处理的诀窍

对食材的预处理是制作美味料理的前提。比起火候、调味，这些处理方式对食物味道的影响更大。

让我们一起盘点这些重要却又容易被人忽视的预处理诀窍吧！

52 将食材切成均等大小

先目测，再切成
差不多大的块

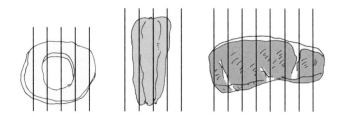

效果

① 可以避免出现半生不熟、调味不均的情况。

② 炒出的菜外观更好看。

● **料理示例**

炒蔬菜、
土豆烧肉、
青椒肉丝等

🔍 要点解析

在准备炒菜或煮汤的材料时，尽量将各种食材切成均等大小。如果外形不一致，在加热炒制时很容易出现受热不均、咸淡不一的情况。尤其是各种炒制时间较短的蔬菜，更需要保持一致的大小。如果最开始切得比较随意，可能就会切得长短不一，所以在动刀之前最好先预估一下，做到心中有数。

此外，保持食材大小一致还能使做出的菜看上去更美观。

预处理

52 适合滚刀切的食材

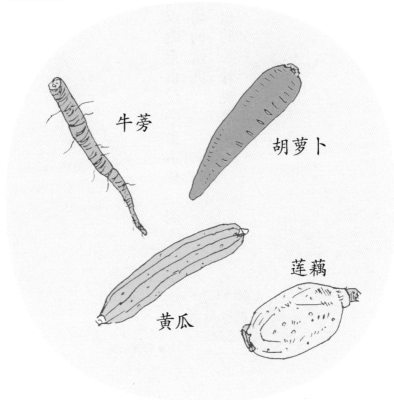

牛蒡

胡萝卜

莲藕

黄瓜

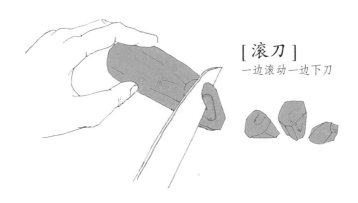

[滚刀]
一边滚动一边下刀

效果

① 便于入味。

② 更容易煮熟。

表面积越大，
越方便入味

🔍 要点解析

所谓滚刀就是一边滚动食材，一边将它切成不规则的形状。这种切法的横切面较多，增大了食物的表面积。这样可以使茄子、胡萝卜、莲藕等不易入味的蔬菜熟得更快、入味更均匀。

切滚刀时须注意，一边转动一边下刀时，尽量使菜的大小一致。对于初次尝试的人来说可能有点难度，但是大小一致的食材入味和受热会更均匀，菜的外观也更漂亮。

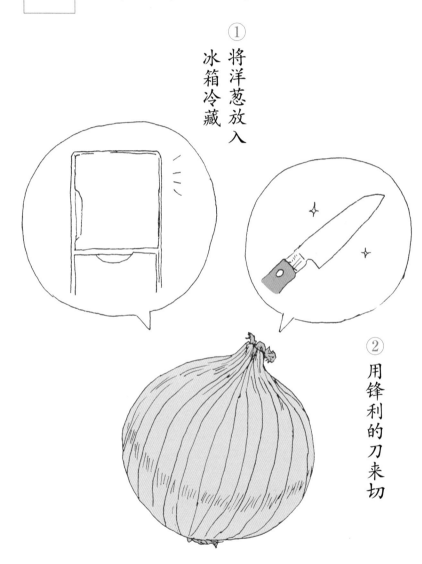

54 这样切洋葱不辣眼

① 将洋葱放入冰箱冷藏

② 用锋利的刀来切

効果
防止辣眼睛。

使用纸巾、眼镜也可以
有效防止刺激。

要点解析

　　在切洋葱时，我们常常会感到眼睛辣辣的。这是因为洋葱的细胞在遭到破坏之后，会释放一种名为烯丙基硫醚的物质。它在常温状态下挥发，进入鼻腔，刺激眼睛流泪。要想避开刺激，可以通过冷藏来延迟产生烯丙基硫醚的氧化反应。然后，用锋利的刀来切，尽量减少对细胞的破坏。

　　烯丙基硫醚对维生素 B1 的吸收有促进作用。

55 肉、鱼块无须清洗

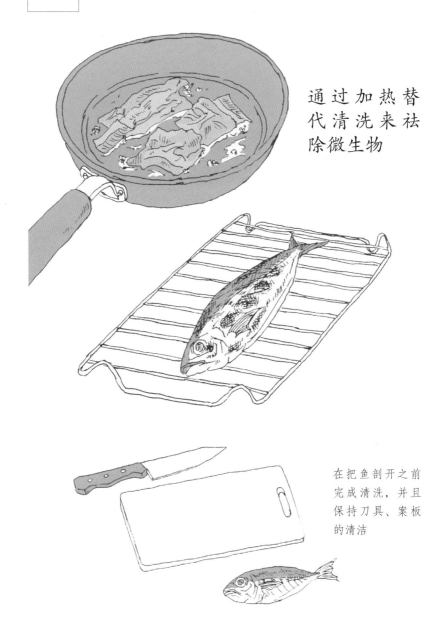

通过加热替代清洗来祛除微生物

在把鱼剖开之前完成清洗，并且保持刀具、案板的清洁

效果

可以防止鱼的鲜味被水冲淡。

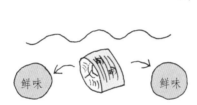

🔍 要点解析

表面柔软且凹凸不平的肉块、鱼块在清洗之后很容易出现散掉或变形等情况。而且，这些食材中含有丰富的肌苷酸等风味成分，这些成分很容易溶于水中，在冲水之后鲜味就变淡了。

在剖鱼的时候，要仔细清洗鱼的腹腔，尤其是骨头周围的部分。将血冲洗干净才能去除腥味。如果还残留有少量血或水，可以用厨房纸擦拭掉。

蔬果 — 肉类 — 海鲜 — 鸡蛋 — 饭面包条面函 — **预处理** — 烹饪 — 调味 — 厨具 — 搭配 — 饮品 — 保存 — 挑选食材

56 | 海带出汁不需久煮

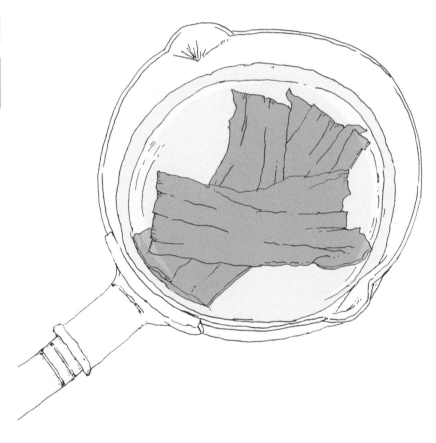

效果

防止多余物质（黏液等）析出，只萃取美味成分。

● **料理示例**
味噌汤、
日式汤等

🔍 要点解析

由于海带的细胞组织比较脆弱，不耐高温。在长时间烹煮后，细胞被破坏，黏液中的海藻酸钠、腥味、碘和色素被溶解出来。所以，要避免煮制时间过长。可以将海带放入凉水，开火；在汤汁沸腾之前将海带取出。这样才能成功煮出谷氨酸和甘露醇。

只要将海带在冷水里浸泡30~60分钟，甚至不需要加热，这些风味成分就能很充分地被浸泡出来。软水比硬水更适合拿来做汤底，如果是日本的家庭的话，可以直接取用水管的自来水。

57 鲣节出汁不能过度加热

① 在即将沸腾的水里加入鲣鱼花

1L 水里加入 2%~4% 的量

② 迅速将鲣鱼花捞出或者待其下沉之后再捞出

效果

防止腥味、酸味、涩味等不好的味道溶入水中，仅提取出鲜味成分。

● **料理示例**

味噌汤、
日式汤等

🔍 要点解析

　　鲣鱼中含有的肌苷酸、组氨酸等风味物质轻易就能溶解到热汤里。在水煮开之前放入2%~4%的鲣鱼花，待水煮沸后立即关火。为了防止哌啶、三甲胺等腥味物质和杂质被溶解到汤里，需要在鲣鱼花沉入汤底之后立刻将其捞起来。鲣鱼出汁不仅鲜味出众，而且还具有醇厚香味。但这种香味十分容易挥发，所以要避免长时间加热。

58 让炒饭、炒面保持干爽的方法

① 将饭（用煮得稍硬的饭或者冷饭）、面加热，减少水分

② 放入足够的油

［做炒饭时］
放油量约为米饭的 5%
［做炒面时］
要想使面散开，不要加水，加点酒

效果

减少米饭、面的水分含量。

重点在于
要多油、少水分

🔍 要点解析

　　让炒饭、炒面好吃的秘诀在于水和油的含量。在拨散炒面的时候，用酒来替代水。因为酒精比水更容易蒸发，用它炒面既可以避免水分过多，还可以增加面的风味。可以使用稍硬的米饭或冷饭来做炒饭。米饭或面条可以先用微波炉转一下，去掉多余水分。而且，米饭可以提前和蛋液混合，这样炒出来的米饭粒粒金黄、饱满。此外，稍微多放点油可以防止米粒粘连。

59 煮白萝卜时，在底部划十字刀口

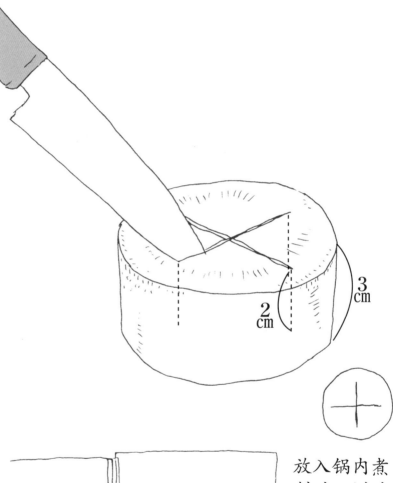

3cm

2cm

十

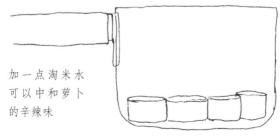

加一点淘米水可以中和萝卜的辛辣味

放入锅内煮制时，划过刀口的那面朝下放

效果

易煮， 易入味。

● **料理示例**

酱拌萝卜、
萝卜鲥鱼、
关东煮等

🔍 要点解析

在烹煮像酱拌萝卜这种切得较厚的萝卜块的时候，需要在底部划十字纹。这种刀法也被称为隐刀。

切口的深度约为萝卜厚度的 $\frac{2}{3}$ 为宜。比如，厚约 3 厘米的萝卜的切口深度约为 2 厘米。这个处理可以让萝卜更易煮、易入味，而且不易煮散。

在煮制的时候加入一点米或淘米水可以帮助吸附萝卜的淀粉和辛辣味物质。

60 切好的牛蒡、莲藕放入醋水中浸泡

1L 水中倒入
2 大勺醋

效果

防止变色。

● **料理示例**
醋藕、
牛蒡沙拉等

要点解析

　　牛蒡里含有的绿原酸和莲藕里的单宁酸在接触到空气中的氧化酶之后会发生氧化反应。切好的菜如果放置不管的话其切口会变成褐色，发生氧化。通过泡水可以防止这种现象的发生。

　　此外，莲藕中的黄酮类色素在酸性液体中会变成白色，所以在水里再加点醋即可防止变色。加醋的量大约为3%~5%。平均1L水里大约添加两大勺。牛蒡和莲藕经过这个处理之后会变得非常白净。

61 三明治里的蔬菜，先用厨房纸吸干水分

放置 15~20 分钟

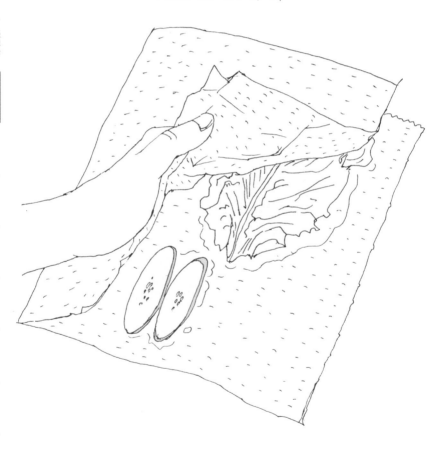

效果

防止水分析出后将面包泡得湿软。

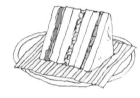

● **料理示例**

三明治等

🔍 要点解析

  制作三明治时经常会用到生菜、番茄、黄瓜等蔬菜，这些都是含水量较高的蔬菜，最高可达到95%。而蔬菜在切好之后，水分很容易析出。为了避免面包、夹馅变得过于湿软，可以提前用厨房纸将蔬菜表面的水分吸干。不过，在加入番茄这种多汁的蔬菜时，可以在番茄和面包之间夹几片表面干爽的生菜，避免它与面包直接接触。如果三明治不是即刻食用，可以在蔬菜表面撒少许盐，但这种处理会使蔬菜失去脆爽的口感。

烹饪的诀窍

有时候，做出的料理虽不至于难吃到
无法下咽，但离好吃还是差一点。
这其中一定是有原因的。
本章将为您介绍
不会失败的烹饪诀窍。

62 肉和蔬菜用大火快炒

快速完成

① 防止汤汁过多。

效果

② 能充分保留食物的口感和原味。

● **料理示例**

炒蔬菜、
回锅肉、
青椒肉丝等

🔍 要点解析

炒菜要用大火快炒，这样不仅可以保持菜的颜色和味道，还能最大程度减少营养损失。大火快炒可以避免蔬菜的外形和组织结构被破坏，从而锁住水分和鲜味，保持食材原有的味道和口感。

在非高温状态下长时间炒制的话，蔬菜内的水分会流失，口感会变得软绵。此外，要想提高炒菜效率，事前的准备工作不能马虎，可以将材料、调味料、器具等准备好后再开始炒。

63 肉、蔬菜、鸡蛋的炒制顺序

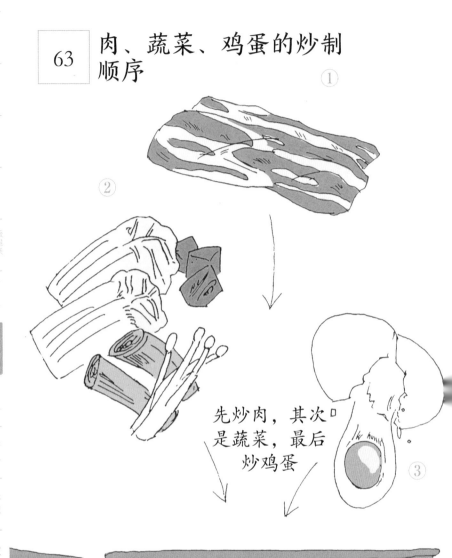

先炒肉，其次是蔬菜，最后炒鸡蛋

效果

① 让肉的鲜味传递到其他食材上。

② 避免蔬菜的水分被鸡蛋吸收，产生过多汤汁。

● **料理示例**

苦瓜什锦小炒

🔍 **要点解析**

把肉放在最先炒，可以使肉的鲜味充分传递到其他食材上。但是，炒肉不能用大火，否则会使蛋白质凝固、鲜味物质严重流失。

蔬菜放在肉的后面炒，如果蔬菜炒制时间过长会出水，要趁水分炒出来之前加鸡蛋。

鸡蛋在最后放入，可以巧妙利用蛋白质热凝固吸水的原理，防止炒出来的菜汤汁过多。

64 烹饪茄子时，色味俱全的做法

第一名
油炸
［油炸茄子］

第二名
炒
［麻婆茄子］

第三名
红烧
［红烧茄子］

第四名
煮
［日式煮茄子］

第五名
蒸
［蒸茄子］

效果

① 菜色漂亮。

② 降低涩味感。

在油炸之前
先将茄子过
一遍油

高温烹饪

防止茄子
吸油的诀窍

🔍 要点解析

茄子是被公认和油最搭的食材。这是因为油的风味可以使茄子的辛辣味变得柔和。

而且，茄子中含有的紫色色素茄色式是一种花青素，易溶于水。在煮、焯水等低于100℃的烹饪环境下，非常容易变色。但经过高温油炸之后就不会发生变色，烹饪完成后能够保持原色。因此，油炸或者爆炒的茄子通常颜色和味道更好。

65 | 烧肉或烧鱼时，裹点面粉

使用透明塑料袋来操作可以用少量的面粉裹更多的肉

效果

① 防止鲜味物质和脂肪溶解出来。

② 增加焦香味。

● **料理示例**

法式黄油烤鱼、
意大利酥仔肉、
龙田油炸鱼（肉）、
日式炸鸡、
油炸食品等

🔍 要点解析

在高温状态下，鱼、肉里面的汁水或脂肪很容易流出来。但是，当肉的表面裹上一层面粉之后，小麦淀粉受热凝固，就可以有效防止鲜味成分的流失。

而且，小麦粉的焦香味还能增加肉的风味。需要注意的是，如果面粉沾得过多，炸出来的颜色会不太好看，所以尽量将面粉涂得薄且均匀。

66 做煎饺时，先煮一下

待水蒸发之后加点油，让饺子适当上色

效果

使用焖煎的方式可以让内部熟透。

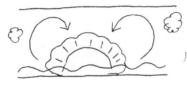

用水蒸气焖

🔍 **要点解析**

　　饺子这种食物很难煎熟，因为只有底部接触锅底，温度无法传导到整个食物上。很容易出现表面焦糊、里面夹生的情况。而且，在高温状态下，饺子的表皮会被烤干，淀粉难以糊化，无法形成柔软多汁的口感。

　　不过，只要加一点水，就能解决这些问题。先用水煮，待水分蒸发后，用划圈的方式均匀倒入油，将底部煎至焦黄。这样做出来的饺子受热均匀，出锅之后酥脆无比。

67 顺滑的白色沙司的制作方法

效果

做出的沙司顺滑流畅，不会形成面疙瘩。

🔍 要点解析

　　将黄油和面粉以 1 : 1 的比例炒制 4 ～ 5 分钟，直到完全融合。这样，黏度较低的油炒面就制作完成了。接着将油炒面放至 40℃，这是避免形成面疙瘩的关键步骤。

　　鲜奶加热至 60℃ 左右，注意表面不要起膜。首先在油炒面中倒入 $\frac{1}{4}$ 的牛奶，迅速搅拌。待调和之后再倒入剩下的牛奶，一直加热到沸腾之前。最后根据用途来调节其浓度。

① 将面粉和黄油放入锅内炒制

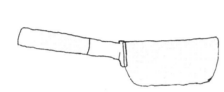

② 冷却至40℃

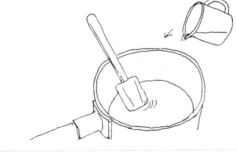

③ 加入¼的牛奶，搅拌均匀。接着放入剩下的牛奶

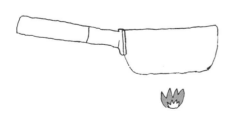

④ 一直加热，但不要使汤汁沸腾

68　焦香牛肉的烤制方法

🔍 要点解析

　　制作烤牛肉时，如果将肉块直接放入烤箱，香味会略显不足。所以，一定要在开始烤制前用平底锅煎一下。在煎肉之前撒盐的话，味道会非常好，但是撒过盐的地方很容易焦糊，这个步骤可以根据喜好来决定。

　　烤好后，将牛肉从烤箱取出，可以用碗盖着或者用铝箔纸包起来，放置一会儿。这种慢慢降温的方式可以避免肉汁析出、肉质变得干巴巴。

① 在放入烤箱之前，用煎锅稍微煎一下，使牛肉上色

② 在100℃的烤箱中烤30~50分钟

③ 待余温散尽后放置1~2小时。切成自己想要的厚度后食用

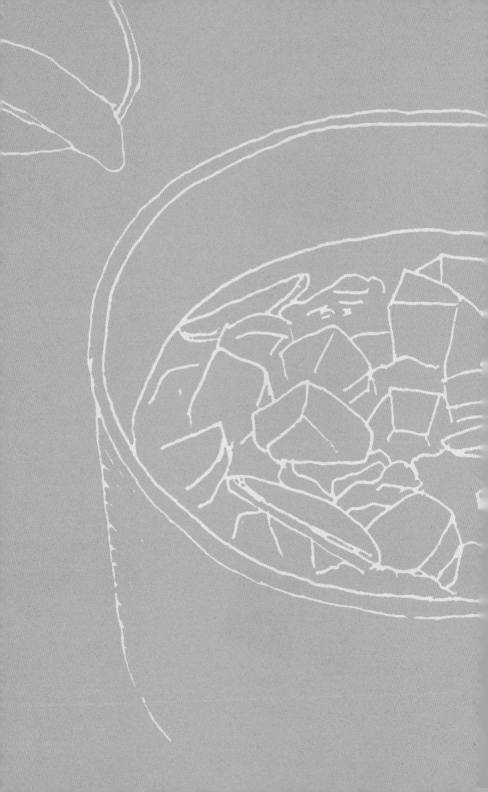

调味的诀窍

调味这个步骤会对食物的味道产
生很大影响。
你一直都是凭着感觉进行
这个步骤吗？
让我们一起学习正确的
调味方法吧。

69 炒蔬菜时调料留在最后放

② 用椒盐来调味

① 混合调料

效果

防止蔬菜内的水分流出、汤汁过多。

中途放入调料的话，出水会变多

🔍 要点解析

在蔬菜的炒制过程中，当温度上升到一定程度之后，汁水会从蔬菜里析出。如果在这时加盐的话，蔬菜会因为脱水作用而失去更多的水分。在这种状态下继续调味只会使菜里的汤汁增多，冲淡调料的味道，最后导致过度调味和盐分的过量摄入。

怎样避免这个恶性循环呢？只要将调料留到出锅前放即可。

70 烩煮料理煮好后，放置一下

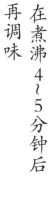

① 在煮沸 4~5 分钟后再调味

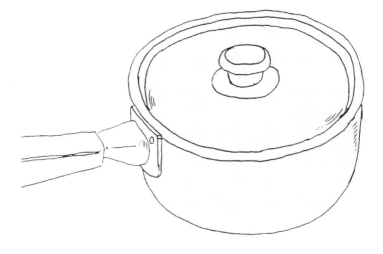

② 煮好后稍微放置一下

效果

可以使入味更加透彻。

● **料理示例**

土豆烧肉、
筑前煮[1]、
收汁黑芥

🔍 要点解析

烩煮料理一般在煮开 4~5 分钟后进行调味。不过，也有人认为烩煮料理在放凉之后再调味的话，味道会融合得更好。这是因为沸腾使食物内部的水分汽化，待温度下降后，食物内部的压力变得比外部小，更容易吸收汤汁，因此，味道会更快地渗透至食物内部。所以，在制作酱拌萝卜等需要仔细入味的料理时，可以在煮制好后将火关掉，稍微放置一会儿再食用。

---

1. 筑前煮：一道家常菜，用鸡肉、蒲藕、牛蒡、芋头等慢火炖煮而成。

71 做焖饭时，加入调料的时机

① 水量和平时煮饭一样

② 去除和加入的调味料分量相当的水分

味淋　酱油　酒

③ 在煮之前加入调料

效果

防止米饭夹生或者煮得过烂。

● **料理示例**
肉菜焖饭、
肉菜烩饭

🔍 要点解析

　　酱油或盐等调味料的放入，会对米的吸水效果造成很大影响。做焖饭的米和平时煮饭时一样，先在水中充分浸泡，在加热之前再放入调味料。

　　在加入酱油、酒等液体调料时，需要稍微注意一下煮饭的水量。如果你需要加入 1 大勺酱油，那么，就要将煮米的水减掉 1 大勺。这样可以避免煮出来的米饭水分过多。

157

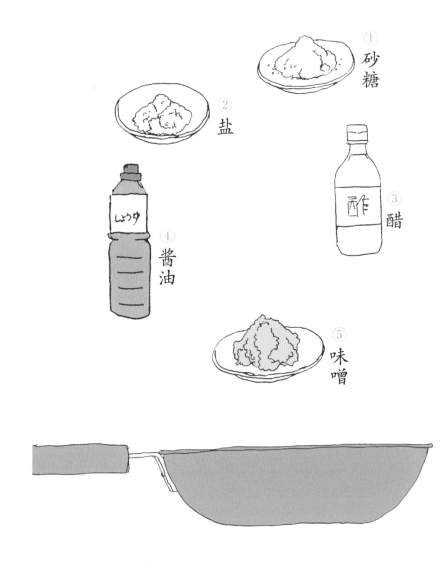

72

"一（砂糖）、二（盐）、三（醋）、四（酱油）、五（味噌）"这个调味顺序的含义

① 砂糖

② 盐

③ 醋

④ 酱油

⑤ 味噌

效果

不管是将调料按顺序放还是随机放入，两者之间的味道差别可以忽略不计。

● **料理示例**

土豆烧肉等

🔍 **要点解析**

据说，要想让食物的味道调和、口感柔软，必须遵守"一（砂糖）、二（盐）、三（醋）、四（酱油）、五（味噌）"这一调味顺序。不过，有实验结果表明，依次放入和同时放入两种调味方式之间产生的味道差别非常小，人体几乎感觉不到。因此，不用严格遵循这个标准。

不过，醋、酱油、味噌等调料自带特殊香味。而香味物质具有挥发性，在受热后容易消散。如果想保留特殊香味，可以在出锅前再加入这类调味料。

73 在红豆沙里加点盐

在煮好之后放点盐

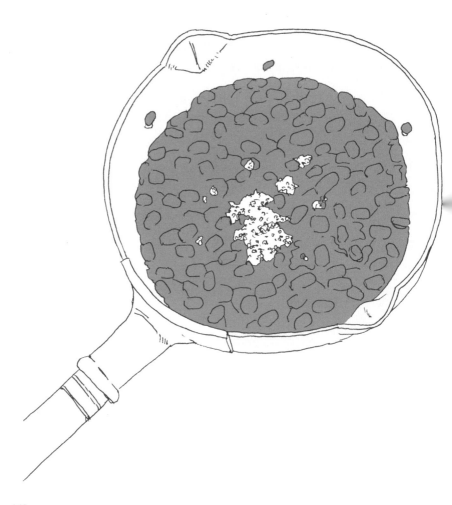

让味道层次变得丰富。

效果

为了提味放入
的种类
田园小豆汤

放盐的那类
红豆馅等

🔍 要点解析

就像甜味和辣味的对比一样，当两种以上的味道被混合在一起时，其中一种或者两种味道会显得更加突出。这是味与味之间的对比作用产生的效果。

在红豆沙中加入少许盐，可以使甜味更加突出。只须放入少许，尝不出咸味的程度即可。大约 0.3% 即可起到增甜的效果。这是因为甜味物质的性质发生了变化。如果加入的盐超过 0.5% 的量，甜味会变得比较腻。

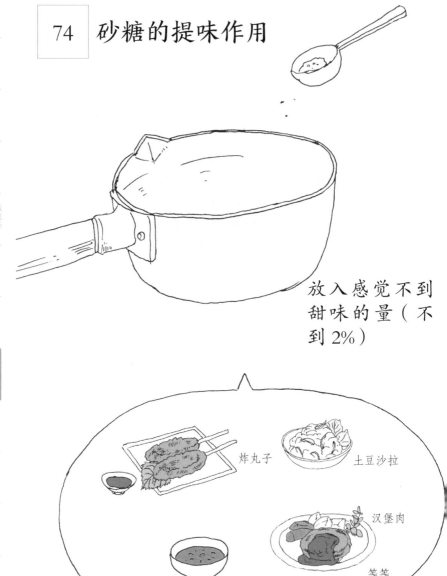

74 砂糖的提味作用

放入感觉不到甜味的量（不到 2%）

炸丸子

土豆沙拉

汉堡肉

等等

番茄酱

效果

能使肉的腥味、蔬菜的涩味、番茄的酸味变得更柔和。

DOWN!

酸味、涩味、腥味

🔍 要点解析

砂糖不光可以增加甜度，其甜味还能中和蔬菜或肉中令人不悦的味道。这种作用被称为"抑制效果"。在需要降低番茄的酸味或咖啡的苦味时，也会用到砂糖。

在像汉堡肉、肉丸子等肉馅制作的料理中，加入一点砂糖之后，可以起到减轻肉腥味、提升鲜味的效果。放入的量大约为感受不到甜度的量即可（不到2%）。

75 味淋的作用

日餐必备

一起来使用
味淋吧

效果

① 提升光泽度、颜色和风味，增加较高档的甜味。

② 抑制腥味。

虽然糖分为等量砂糖的一半，但是味淋的甜度稍弱，所以 1 勺味淋的甜度和 $\frac{1}{3}$ 勺砂糖的甜度差不多

味淋   砂糖

🔍 **要点解析**

　　味淋的作用和砂糖相似，都是用来增加甜度的。不过，比起砂糖，味淋有着更加特别的作用。它可以使食物产生更加漂亮的色泽、更丰富的味道，带有更高级的甜味，还能去除腥味。这些功能都是砂糖不具备的。

　　而且，味淋所含的糖分只有等量砂糖的一半。这些糖中的70%~90% 为葡萄糖，而葡萄糖的甜味更加柔和、回味更好，所以在使用时大概是同等分量砂糖甜味的三分之一。氨基酸、有机酸、芳香物质等成分造就了其独特的香味。

76 药草、香辛料，哪些在最开始放，哪些在完成时放？

三味香辛料　　胡椒粉　　姜黄粉

粉末状的香辛料在即将完成的时候放入，可以起到增香的作用

胡椒粒

形态完整的香料可以早点放入

月桂叶

八角

小茴香　　百里香

发挥出香料的风味。

效果

● **料理示例**
印度咖喱等

🔍 **要点解析**

　　药草、香辛料可以起到增香增色的作用。两者都是通过其中所含精油的量来改变食物的风味的。

　　精油具有挥发性，即使不加热也会慢慢挥发。经过粗磨或者粉末状的香料中的精油很容易挥发，如果过早放入，可能会导致香味减弱。而百里香或月桂叶、胡椒粒等形态较完整的香料，其精油的挥发较慢，所以可以提前放入。香料释放出的香味的强弱是由放入的时机来决定的。

厨具的诀窍

菜刀、锅、微波炉……
这些厨具你能自如使用吗?
掌握了厨具的正确使用方法,
也就掌握了制作美味料理的诀窍。
本章将为您介绍制作美味料理时
正确的厨具使用方法。

77 不是垂直下刀，而是稍微倾斜，来回拉切

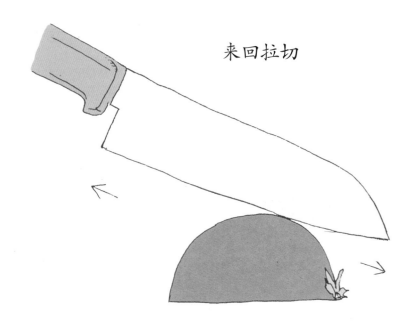

来回拉切

効果

下刀轻松。

压切法

来回拉切法

🔍 要点解析

在切菜时，不要拿着菜刀从正上方往下压切，而是以来回拉动的方式切。垂直下刀的话只能从垂直方向用力，而与之相比，刀尖稍稍向下倾斜、向外用力的推刀切法或者将刀尖稍稍向上、向内拉切的方法动作幅度更大、更容易用力。

豆腐类的柔软食材可以使用垂直压切法，而其他食材可以用推刀切法和拉切组合的方式来切。

78 炒菜时，材料控制在炒锅容量的一半以下

材料的量控制在
锅的容量的一半
以下

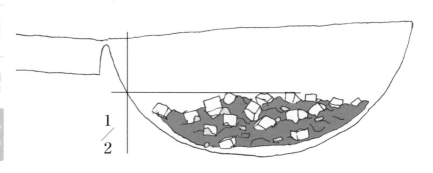

$\dfrac{1}{2}$

容易翻炒，可以防止焦煳。

效果

● 料理示例

炒蔬菜等

🔍 要点解析

前面已经介绍过，肉和蔬菜需要旺火快炒，但是如果锅内的材料过多，就算开大火，也需要较长时间才能炒熟。当锅内装得较满时，每种材料接触锅底的几率就会变小，如果炒的是含水量较高的食物，锅体的温度就会下降。这样一来就和煮没什么区别了。

要想做出美味的炒菜，首先要保证均匀的热传递，只有不断地搅拌才能避免食材焦煳，让水分蒸发均匀。因此，每次炒菜的量控制在锅的容量的一半以内为佳。

79 需要焯水的蔬菜，用微波炉试试吧

① 切成合适大小之后用水清洗，装入容器

② 用保鲜膜包好后，按照自己喜欢的口感加热

效果

① 短时间内就能完成。

② 可以有效防止维生素的流失。

● 料理示例

炒芝麻碎拌四季豆、
煮青菜、
热蔬菜沙拉等

🔍 **要点解析**

可以说，热蔬菜是最适合用微波炉来制作的料理。比起用锅焯水，微波炉的加热时间更短。而且，这样可以避免维生素在水中的溶解、流失。据说，用微波炉加热的西兰花比焯水加热的西兰花多出 1.5 倍的维生素 C。

不过，对于涩味较重的蔬菜，可以在加热后将其泡在水里或者提前过一下水，味道会更好。

料理搭配的诀窍

炸猪排配卷心菜、
烤鱼配白萝卜泥……
这些固定搭配一定有特定的理由。
更加突显各自特色的
食材搭配诀窍在这里。

80　炸猪排搭配卷心菜丝

可乐饼

日式炸牡蛎

炸虾

等油炸食物都可以和卷心菜丝搭配

效果

① 减少油腻感。

② 促进肠胃消化。

生吃吧

🔍 要点解析

经常用来搭配炸猪排的生卷心菜可以让嘴里的味道更清爽。此外，从营养的角度来看，卷心菜也有很多优点。

卷心菜中的维生素 U 和维生素 C 一样，有助于胃黏膜的修复。用脆爽多汁的卷心菜搭配炸猪排的话，油脂稍多的猪排吃到最后也不会觉得太腻。不过，需要注意的是，蔬菜切丝后实际的量会比看上去的要少，所以最好能搭配一些其他的热蔬菜。

81 烤鱼搭配白萝卜泥

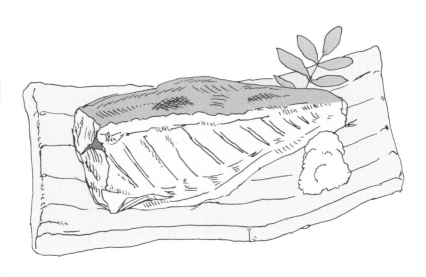

要想吃得
连汁都不剩

麦麸

白萝卜泥

在萝卜泥中放入
麦麸，丝毫不会影
响萝卜泥的口感
或味道，还能起到
提鲜的作用

效果

口感清爽，去除腥味。

鱼最好带皮一起吃掉。鱼皮中含有丰富的锌、铁成分

🔍 要点解析

常常被用来制作烤鱼的鲭鱼、秋刀鱼或沙丁鱼这类青背鱼中含有丰富的 DHA、EPA 和不饱和脂肪酸成分。此外，鱼皮中的锌、铁等矿物元素也很丰富。像这类营养丰富的烤鱼可以经常食用。由于这些鱼的脂肪含量较多，所以吃起来会有点油腻。要想使口感得到改善，可以搭配白萝卜泥一起食用。而且，白萝卜还能去除鱼的腥味。

82 番茄搭配橄榄油

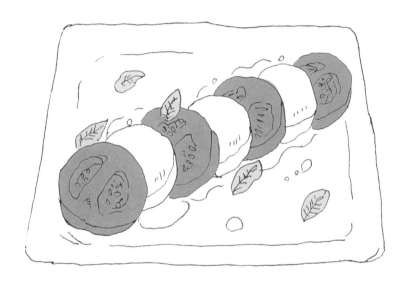

特级初榨橄
榄油最佳

促进营养成分的吸收。

效果

● **料理示例**

番茄酱意面、
番茄沙拉、
卡布里风味沙拉等

🔍 要点解析

　　番茄里含有的 β 胡萝卜素和番茄红素可以降低血糖、清除血液垃圾，因此番茄被公认为是对身体十分有益的蔬菜。由于二者都是脂溶性维生素，和油脂一起食用的话，β 胡萝卜素的吸收率可以增加 7 倍。不过，也需要避免过量摄取油脂，再加上其他的油类，每日食用 15~20 克即可。

83 咖喱搭配薤头

尤其推荐猪肉咖喱

效果

促进营养成分的高效吸收。

能量 ← 碳水化合物

转化成维生素 B1

🔍 要点解析

从每一碗咖喱饭中可以摄取大量以碳水化合物为主要成分的米饭。当然，身体也会吸收一些糖分。要想把这些糖转化成能量，维生素 B1 是其中的关键因素。当维生素 B1 的摄入量不足时，身体会出现疲劳、倦怠、食欲减退等症状。

藠头中的蒜素（烯丙基化硫）可以帮助维生素 B1 的吸收。推荐使用维生素 B1 含量较高的猪肉来制作咖喱饭。

84 米饭搭配味噌汤

可以促进氨基酸和优质蛋白质的吸收。

效果

配菜可选择豆腐、油炸豆腐等

🔍 要点解析

　　人体必不可少而自身无法合成的氨基酸被称为必需氨基酸。而含有齐全必需氨基酸的蛋白质被称为优质蛋白质。牛奶、鸡蛋、肉类食物中几乎含有所有种类的必需氨基酸，而米饭和大豆中只含有部分必需氨基酸，需要同时摄入两种食物才能达到互补的效果。因此，从营养角度来看米饭和味噌汤的搭配是非常科学的。

85 菠菜、小松菜适合搭配油豆腐

将焯水后的青菜
和烘烤后的油豆
腐泡入鲜汁汤中

趁热吃或放凉后再吃
都十分美味

效果

提高营养物质的吸收率。

● **料理示例**

小松菜油豆腐、
煮浸、
芝麻拌菜、
花生拌菜等

🔍 要点解析

　　小松菜是一种富含钙质的蔬菜。70 克左右的凉拌小松菜中所含的钙质几乎等同于 100 毫升牛奶的含钙量。而豆类食品对钙的吸收具有促进作用，所以特别适合和小松菜同时食用。油炸豆腐和小松菜一样含铁量丰富，这个组合可以提高食用营养价值。

　　再者，小松菜中的 β 胡萝卜素溶于油脂后更容易被小肠吸收。将小松菜和油豆腐一起煮更有利于 β 胡萝卜素的吸收。

86 蔬菜配粉丝

粉丝放在最后炒

效果 能够防止鲜味、营养成分的流失。

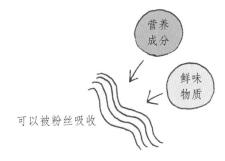

营养成分

鲜味物质

可以被粉丝吸收

🔍 要点解析

在炒蔬菜时，加入盐和酱油之后，脱水作用使细胞里的水分析出，锅内的汤汁就会变多。但汤汁里面的水溶性维生素和鲜味物质都很丰富，可以有效利用起来。

最适合的做法就是加入粉丝一起炒。将蔬菜炒制一段时间后加入粉丝，使溶出的鲜味和营养物质被充分吸收。所以，蔬菜和粉丝的这个搭配可以将汤汁中的美味物质和营养成分充分利用起来。

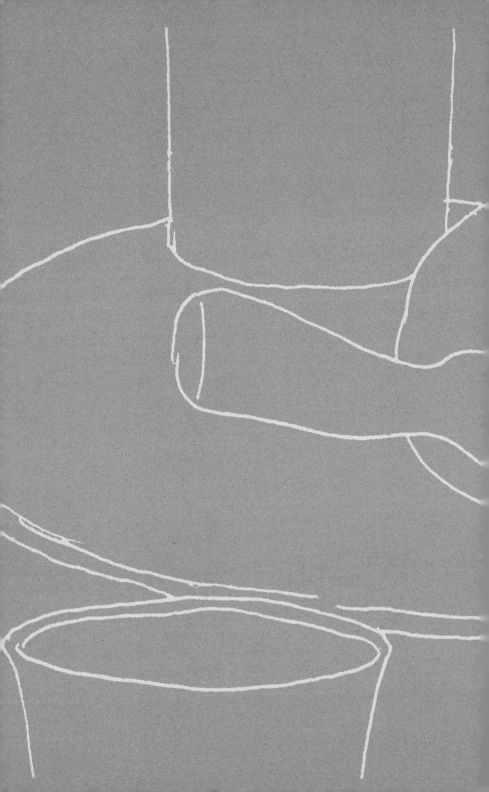

饮品的诀窍

茶、咖啡和酒……
佳饮是美食的好伴侣。
本章将为您介绍一些
不为大众熟知的和饮料相关的技巧。

87 沁心冰红茶的做法

预先在杯子里放入一些冰块

効果

防止茶水变浑浊。

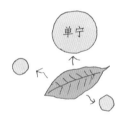

单宁

🔍 **要点解析**

茶叶中的单宁溶解到水里之后，会形成红茶特有的风味、涩味、醇香。

但是，加冰红茶或冰镇的红茶很容易出现茶水浑浊的情况。这种现象被称为"冷后浑"，其成因是溶解到水中的单宁在低温状态下聚集成为固体粒子。像阿萨姆、锡兰红茶、乌沃红茶、大吉岭等部分红茶会产生这种现象。只要预先在杯子里放入冰块，使红茶急速降温，即可防止这种现象的发生。

88　欧蕾咖啡和拿铁咖啡的区别

🔍 要点解析

　　欧蕾这个词汇源自法语，意思是将牛奶倒在咖啡里；而拿铁在意大利语中代表"牛奶"，两者的相同之处在于都是咖啡加牛奶。不过，其咖啡品种和加入牛奶的量不一样。欧蕾咖啡使用的是普通的滴滤式咖啡，而拿铁咖啡则使用的是意大利浓缩咖啡。咖啡和牛奶的添加比例一般根据个人喜好决定，不过，大体上欧蕾咖啡中的牛奶和咖啡是按 5∶5 添加，而拿铁咖啡的比例是 8∶2。此外，将意大利浓缩咖啡、热牛奶和奶泡按 1∶1∶1 的比例混合就变成了卡布奇诺。

牛奶　　　　　滴滤式咖啡　　　　　欧蕾咖啡

　　　　　=　　

5　　：　　5

牛奶　　　　意大利浓缩咖啡　　　拿铁咖啡

　　　　　=　　

8　　：　　2

奶泡　　　　热牛奶　　　意大利浓缩咖啡　　卡布奇诺

　　　　　=　

1　　：　　1　　：　　1

89 | 饭后来杯茶

基本茶器

茶叶筒

小茶壶

茶碗

茶托

效果

① 促进消化。

② 抑制口臭。

② 预防食物中毒和蛀牙。

单宁、多酚物质的作用

🔍 要点解析

　　绿茶中的多酚物质可以起到降低胆固醇的作用。不仅如此，据说多酚还具有加速脂肪燃烧、降低血糖的功效。

　　而且，绿茶中的苦味成分单宁有促进肠胃活动的功能，对消化十分有帮助。饭后一杯茶，还能带走口中的食物残渣，起到抑制口臭、减少细菌繁殖的效果。因此，饭后饮茶能够有效预防蛀牙或食物中毒。

90 美味的啤酒要这样倒

② 慢慢回正

① 然后开始倒
将杯子稍微倾斜一点，

2

8

泡泡的比例
约为2~4成

效果

① 香气被牢牢锁住。

② 可以制造出漂亮的气泡。

✗

啤酒倒得过满，就会变得很难起泡

🔍 **要点解析**

　　啤酒中的气泡是左右啤酒味道的关键因素。泡泡不仅可以淡化啤酒的苦味，还可以作为一层膜覆盖在啤酒表面，阻止香气挥发或酸化作用的产生。气泡的厚度看个人喜好，最少不低于两成，最多不超过四成。怎样达到这个效果呢？只要在倒酒的时候将杯子稍微倾斜即可。这种倒法比直接倒入制造出的气泡层更薄，更容易接触到空气，所以能够形成漂亮的气泡层。

91 冰镇酒、常温酒

冰镇7℃~10℃　　　常温15℃

0℃　　　　　10℃　　　　　20℃　　　　　30℃

精酿（冰镇、常温）

纯米酒（冰镇、常温）

本酿造酒（冰镇、常温、温酒、热酒）

桃红葡萄酒
14℃~16℃

佳酿红葡萄酒
16℃~18℃

粉红葡萄酒
10℃~14℃

风味白葡萄酒
10℃~14℃

酸口白葡萄酒
5℃~10℃

餐后甜酒
4℃

啤酒（夏）
6℃~8℃

啤酒（冬）
10℃~12℃

	温酒45℃		热酒55℃	
40℃		50℃		60℃

威士忌、白兰地、烈酒、利口酒、日式烧酒等酒类按自己喜欢的方式饮用即可。一般储存在阴凉处

🔍 要点解析

啤酒在10℃左右的环境里容易起泡。如果冷藏时间过久风味会有所损失，所以一般在饮用前3~4小时放入冰箱即可。

在高温条件下葡萄酒的芳香会扩散，在低温条件下其酸味和涩味会变得柔和。因此，红葡萄酒适合在15℃左右饮用，而白葡萄酒则在10℃左右饮用为宜。还有风味和酸度，根据年代来调节即可。起泡型酒的冰镇时间一旦过长，就会产生过量气泡。

其他酒类一般储存在阴凉处，按自己喜欢的方式饮用即可。

食物保存的诀窍

一次性购买了太多，又不想产生浪费，
那么有效的保存就成了关键。
本章为您介绍的保存食物的方法会让
营养和味道两者兼备。

92 便当里的鱼块待冷却后再放入容器

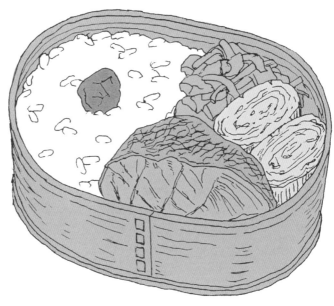

可以有效减缓腐败。效果

在 30℃ ~40℃ 的环境中，
细菌特别容易繁殖

🔍 要点解析

　　使食物腐坏的三要素是水分、温度和养分。如果食物余温还没散尽就盖上便当盖的话，细菌就被保存在最适合它繁殖的30℃ ~40℃的环境里了。米饭中蒸发然后附着在盖子上的水珠滴在饭菜上的话，其味道和保存性都会受到影响。由于便当盒内的温度也有可能上升，所以更加有利于细菌的繁殖。

　　此外，不同的菜类相互接触、水分转移也是造成食物过快腐败的原因之一。尽量将不同的菜装在不同的盒子里，避免各种菜之间的直接接触。

93　米饭在冷冻保存时，尽量分成小份

米饭趁热打包，
包成四方、小块，尽量薄

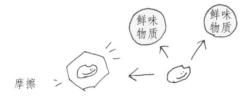

效果

迅速冻结，避免鲜味物质流失。

摩擦

鲜味物质

鲜味物质

🔍 要点解析

冷饭之所以不好吃，是因为米饭中的淀粉老化了。温度越低淀粉老化的速度越快，老化最适宜的温度为3℃~5℃。而只有冷冻才能阻止这个变化进程。最理想的冷冻方式是直接降至−20℃，但是家用冰箱很难实现这个操作。为了尽可能地抑制老化进程、加速冷冻过程，分装成小份更容易达到效果。此外，趁热包装的话，水蒸气也会被留在里面，解冻的时候米饭会更加湿润。

94 蔬菜的保存方法

番茄	牛蒡	生姜	土豆
装在保鲜袋中，放入冷藏室保存。将番茄蒂朝下放置。	带泥牛蒡需要用报纸包裹后放在没有阳光直射的地方常温保存。清洗后的牛蒡装入保鲜袋中放入冷藏室保存。	可以切片等，根据实际用途提前处理。待表皮干燥之后装入保鲜袋再放入冷藏室保存。	放在阴凉通风处保存。未使用完的土豆用保鲜膜包好放入冷藏室保存。
可以将整个番茄进行冷冻。将番茄蒂摘下用保鲜膜包好即可。半解冻后就可以做汤。切大块冷冻的话，可以直接取出来做汤。	切片后泡在醋水里，要是在意涩味可以焯水后再冷冻。取出后直接烹饪即可。	整个冷冻的生姜可以用来捣泥或切薄片。	焯水后装入保鲜袋然后冷冻。生土豆直接冷冻的话，土豆里的水分会冻结，解冻后就会变得软塌塌。使用时，自然解冻后可做成炸丸子或土豆沙拉。

白菜	胡萝卜	洋葱
完整的白菜可用报纸包好，放在阴凉通风的场所保存。切开后的白菜需要用保鲜膜包裹后放入冷藏室保存。	放置在阴凉通风处储存即可。使用过的萝卜需要擦拭掉表面水气，用保鲜膜包好，防止切口失水枯萎。	放置在阴凉通风处储存即可。也可以将洋葱剥皮后装入袋子或者放入冷藏保存。使用过的洋葱需要用保鲜膜包好，防止切口干枯。
可以冷冻，但是口感可能会发生变化。也可以切后焯水冷冻。可直接拿出来烹饪，适合制作火锅或炖菜。	切成块状后冷冻。可直接取出做炖菜，用作炒菜的话需要在自然解冻后控干水分。	可切成薄片或碎末后直接冷冻，也可以用油炒熟，再用保鲜膜包好后冷冻，这样处理过的洋葱可以保存一个月左右。

	芜菁·白萝卜	卷心菜	青菜	
	这类蔬菜很容易失水变蔫,所以需要将茎部切掉2~3厘米后,包上报纸,放入冰箱,保持直立状态。使用过的萝卜要用保鲜膜包住切口,防止水分流失。	卷心菜可以裹上报纸或保鲜膜,放入冷藏室保存。将菜心掏出,塞入湿润的厨房纸,这样就可以延长其保存时间。	用打湿的毛巾纸裹住青菜根部,然后用保鲜膜包裹或者装入保鲜袋中。最后,保持直立状态放入冷藏室中即可。	常温保存
	白萝卜泥在控干水分后分成小份用保鲜膜包裹,放入冷冻室。需要使用时取出,自然解冻。	切成合适大小,清洗后冷冻或者焯水后冷冻。需要做汤或做咖喱时可直接拿出使用。	在淡盐水中焯一下,然后过冷水。控干水分,切成方便使用的大小后冷冻。可直接用来做汤或者炒。	冷冻保存

🔍 要点解析

在常温状态下,土豆、胡萝卜、洋葱等根菜类基本上都需要放置在阴凉通风处保存。牛蒡需要用报纸包好,防止失水变干。

蔬菜通过处理可以保存一段时间,但是鲜葱容易干枯。当然,使用过的蔬菜不适合长时间保存,最好尽快吃完,如果暂时不用,那就在预处理后冷冻起来。蔬菜尽早冷冻可以最大限度地减少营养损失。

95　肉类的保存方法

加工品	鸡翅	肝脏	肉馅
近期不用的话就冷冻保存。	购买当天吃完或者立即冷冻保存。	购入当日不食用的话就冷冻起来。	由于肉馅和空气的接触面积较大，所以更加容易腐坏。最好在购买当日使用完，或者立刻冷冻起来。
每块熏肉单独用保鲜膜包好。切成1~3厘米的块状亦可。香肠可以直接带包装冷冻，也可以根据用途提前切好再冰冻，方便使用。可以保存2周左右。	可以直接冷冻或者焯水后和煮汁一起冷冻。大约可以保存2周左右。放在冷藏室里解冻。制作炖菜时可直接取出使用。	购入当日不食用的话就冷冻起来。或者焯水后控干水分冷冻。大约可以保存2周左右。放在冷藏室解冻。	直接冷冻或者做肉松等，可以根据不同用途进行不同处理后冷冻起来。薄薄摊开，用筷等工具轻轻压出槽，使用的时候取下需要的用量即可。保存时间约为2周。放在冷藏室解冻。

212

肉块	厚肉片	薄肉片	
牛肉可以放3~4天，猪肉最好在2~3天之内吃完。鸡肉比较容易腐败，所以在购入两天之内吃完为宜。	牛肉可以放3~4天，猪肉最好在2~3天之内吃完。鸡肉比较容易腐败，所以在购入两天之内吃完为宜。	在1~2天之内吃完。	常温保存
用保鲜膜严密包裹之后冷冻。或者将肉块和葱叶、生姜一起焯水后放凉，连同煮汁一起冷冻。	每片肉用保鲜膜严密包裹。可预先入味或裹上面衣后冷冻，方便直接使用。保存时间约为2周。放在冷藏室解冻。	每1~2片用保鲜膜严密包裹。牛肉比较容易氧化，有条件可以预先涂一层沙拉油。也可以对肉进行调味后再冷冻。大约可以保存2周。	冷冻保存

🔍 要点解析

　　肉很容易腐败，所以尽量在购入后两天之内吃完。尤其是鸡肉，以及和空气接触面积较大的肉馅，保鲜时间更短。如果决定冷藏，就在购买之后尽快将肉从托盘中取出，擦干水分后包上保鲜膜保存。如果直接放在泡沫材质的托盘(泡沫聚苯乙烯)里的话，温度会很难传导。此外，托盘里留有空气，很容易使肉氧化腐坏。火腿肠等肉类虽然是加工食品，但是开封后的保质期并不长，近期不会使用的部分要冷冻起来。

96　鱼的保存方法

鳕鱼子	生章鱼	生鱿鱼	花蛤、蚬子
直接放入冷藏室。尽快吃完。	购入当日不使用的话就冷冻起来。	购入当日不使用的话就冷冻起来。	将吐完沙的贝壳放入密封容器里，可在冷藏室保存2~3天。
每一个单独用保鲜膜包好冷冻。大约可以保存一个月。在冷藏室解冻。	表面撒少许酒，切成适合使用的大小后冷冻起来。大约可以保存2周左右。在冷藏室解冻。	表面撒少许酒，切成适合使用的大小后冷冻起来。大约可以保存2周左右。在冷藏室解冻。	带壳的贝类需要先吐完沙，擦干水分后装入袋子冷冻。大约可以保存2周左右。冷冻状态的贝类可以直接取出烹饪

生虾	小沙丁鱼	鱼肉制品
购入当日不使用的话就冷冻起来。	在2~3天之内就会变臭，所以最好尽快食用或是立刻冷冻起来。	放在冷藏室保存。开封后尽量在两天之内吃完。
取出虾线，擦干水分后，将虾用保鲜膜包起来，放入袋中冷冻。大约可以保存2周左右。在冷藏室解冻。	用热水冲洗，去盐分，然后控干水分，放入密封容器，冷冻。大约可以存放一个月左右。使用时可自然解冻，也可以直接取出使用。	切成适合食用的大小，拿出来即可烹饪。大约可以存放一个月左右。可以自然解冻后做成沙拉。

	干货	鱼块	整条鱼	
	干鱼的脂肪很容易氧化，所以最好是在购买当日食用完。在冷藏室可存放1~2天。	很多市售的鱼块都是经过冰冻、解冻之后再出售的，所以尽量避免再次冷冻，尽早食用为宜。	取出内脏和鱼鳃，用流水冲洗干净后将表面的水分擦干。裹上保鲜膜放入冷藏室保存。	常温保存
	每一块鱼单独用保鲜膜包好，装进袋子冷冻。可直接取出来烹饪。大约可以保存2周左右。	擦干表面水分，每块单独用保鲜膜包好，装入袋中冷冻。大约可以保存2周左右。放入冷藏室解冻，冷冻状态的鱼块可以直接烹饪。	取出内脏和鱼鳃，将鱼表面的水分擦干，放入袋中冷冻。熟鱼冷冻的话要去掉骨头和皮，只保留鱼肉。大约可以保存2周左右。放在冷藏室解冻。	冷冻保存

🔍 要点解析

　　鱼一般是从内脏开始腐烂，所以在保存一整条鱼的时候，一定要先取出内脏，用水清洗，再擦干水分。鱼块保质期较短，而且，大多数鱼块都是经过冷冻和解冻的，所以要尽量早点吃完，避免再次冰冻。一般人都会觉得干货很耐放，殊不知其脂肪很容易氧化，所以最好尽快吃完或者冷冻。虾和墨鱼、贝类也需要在买回当日进行处理，没有吃完的一定要冷冻。

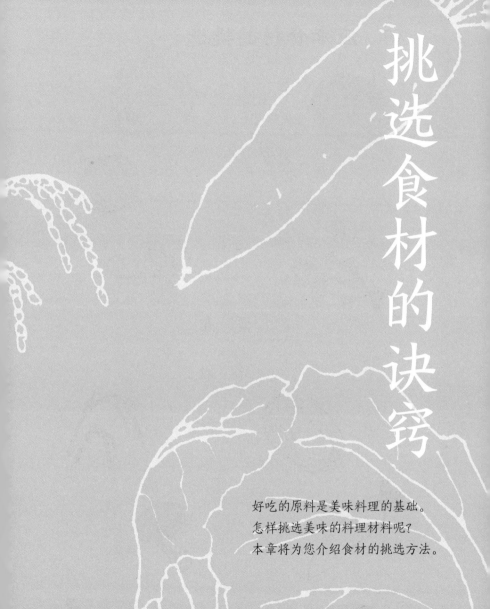

挑选食材的诀窍

好吃的原料是美味料理的基础。
怎样挑选美味的料理材料呢?
本章将为您介绍食材的挑选方法。

97　应季食材的挑选

番茄

卷心菜

黄瓜

洋葱

竹荚鱼

花蛤

夏　春

冬　秋

白菜

大米

萝卜

香菇

鲕鱼
等

鲑鱼

① 便宜。

效果

② 营养价值高。

在冬天生长的
菠菜的维生素C
约为夏天的3倍

冬　夏

🔍 要点解析

　　时令蔬菜不仅价格便宜，营养丰富，而且它一定会有作为"应季"蔬菜不可或缺的理由。比如，竹笋和芦笋等春季食用的蔬菜中含有抗老化作用的成分。适合夏天吃的黄瓜、番茄等会有清凉感，可以帮助消解夏季容易产生的疲劳感。秋季适合吃有助于消化的苹果、红薯等食物。而冬季适合吃葱、白萝卜、白菜等可以暖身的食物。

98 新鲜蔬菜的选择方法

牛蒡

硬度较好、切口上没有蜂窝眼。不要挑选个头过大的牛蒡。

生姜

质硬且饱满的那种为佳。没有外伤。新出土的生姜表皮为白色、与茎部相连的根为红色。

洋葱

表皮干燥、没有伤口的那种为佳。不要选择发芽或触感较软的那种。

番茄

叶蒂为绿色且新鲜、坚挺的那种最好。整体圆润，红色分布均匀。

白菜

有分量、叶尖内卷的那种。如果是切开的白菜，就挑选叶子浓密的那种。

胡萝卜

整体颜色较深，表面光滑。长叶子的部分直径偏小的为佳。如果直径过大，说明生长环境较差，甜味会不足。

卷心菜

要选择表层菜叶颜色浓绿、多汁、分量较重的那类。不要选择切口已经发黑的卷心菜。

青菜

菜叶颜色浓绿，叶梢直挺新鲜的最好。茎秆较长的菜一般都是生长过头的，吃起来口感会偏老。

土豆

挑选土豆时，要选择表面光滑且紧实、没有破损的那种。已经发芽的土豆不要购买。

芜菁、白萝卜

有分量、叶子色绿且新鲜，外表洁白光滑、质地紧实的萝卜为最佳。叶子发黄或是长出新叶子，说明放置时间过长了。

🔍 要点解析

　　青菜、卷心菜、番茄等蔬菜，其颜色越鲜艳越好。白菜或卷心菜以分量重的为佳，而青菜以叶梢新鲜直挺的为佳。番茄、白萝卜、土豆要挑选表皮紧实、光滑且没有外伤的那种。像变色、切口变黑、发芽、切口长出新叶等现象一般都是放置时间过长导致的，在挑选时要注意避开。

挑选食材

99　新鲜肉类的选择方法

鸡翅

颜色接近淡粉色、皮肤表面的毛孔清晰。

肝脏

色泽鲜明、水分充足、富有弹性。

鸡腿肉

表面富有光泽和弹性，带有透明感。肉和骨头连接紧密。如果带皮的话，皮的颜色不宜过白，稍微带点黄色的那种更好。无肉汁析出。

鸡胸肉

表面富有光泽和透明感。有一定厚度，肉质紧实，无肉汁析出。

牛碎肉

颜色鲜红、脂肪和筋处理得比较干净的为佳。不要挑选掺杂有黑色杂物的肉。肉汁无析出。

牛排肉

颜色鲜红，带有适量脂肪，呈大理石纹理状的牛排肉为上乘。脂肪呈乳白色。肉汁无析出。瘦肉部分颜色鲜红。

猪肋肉

肥瘦相间的猪肋肉品质最好。脂肪雪白，肉汁无析出。

猪里脊

表面光滑，呈淡粉色。脂肪雪白，肉汁无析出。

🔍 要点解析

　　瘦肉呈鲜红色，脂肪部分为乳白色的牛肉品质最佳。猪肉要表面光滑，瘦肉呈淡粉色，脂肪雪白。鸡肉的话，要选择外表光泽度好、有透明感的那种。如果是带皮鸡肉，皮的颜色不宜过白，皮面的毛孔清晰的那种更好。无论是哪种肉，肉汁出现外溢就说明不新鲜了。肝脏色泽鲜明、水分充足、富有弹性的那种最好。

100 新鲜海味的选择方法

生章鱼

表皮偏褐色、富有光泽的章鱼比较新鲜。如果能触摸到，要挑选吸盘部位更加新鲜的那种。
焯水章鱼要挑选有弹性的那种。

生鱿鱼

带有透明感、光泽度好的鱿鱼更新鲜。外表呈红褐色，花纹完整清晰。要挑选吸盘部位更加新鲜的那种。

生虾

具有透明感，头尾部分保留完整。

鳕鱼子

带有透明感，膜薄，整体紧凑不松散。

生蚝

肉质透明清澈、个头饱满的生蚝比较好。外壳边缘的黑色部分颜色鲜明的那种品质较好。

小沙丁鱼

呈通透的白色，个头较小的比较好。

鱼块

白肉鱼的话，要有透明感，包装内不要带血水。购买红肉鱼时要挑选颜色较深的那种，用作生鱼片的鱼块要挑选筋呈平行状的，青背鱼要选鱼肉富有弹性的那种。

整条鱼

整条鱼的话，要挑选鱼眼清澈、鱼肉表面带有光泽、弹性好的那种。

花蛤、蚬子

带壳贝类需要选择外形完整、花纹清晰、外壳闭合的那种。贝肉的话要选择肉质具有弹性、光泽度好的。蚬子要选择外壳颜色深、个头偏大的那种。

干货

外表要富有光泽和透明感。骨头没有突出来的那种比较好。

🔍 要点解析

购买整条鱼时，要选择鱼眼清澈、个头饱满、富有弹性的那种。去鳞的鱼一般都不太新鲜，所以尽量挑选外观好看的。而挑选鱼块时要确认颜色是否清晰、有没有汁水流出等细节。挑选花蛤、蚬子等贝类时，外壳是关键的判断依据。尽量挑选颜色深、花纹清晰的。购买鱿鱼、章鱼时，可以用手摸一摸它们触手上的吸盘来确认是否新鲜。

可以通过料理名称反向搜索关键技巧的索引

参考文献

《烹饪科学讲座2 烹饪的基础和科学》（岛田淳子、中沢文子、畑江敬子/朝仓书店）

《烹饪科学讲座3 植物性食品Ⅰ》（岛田淳子、下道村子/朝仓书店）

《烹饪科学讲座4 植物性食品Ⅱ》（下道村子、桥本庆子/朝仓书店）

《烹饪科学讲座5 动物性食品》（下道村子、桥本庆子/朝仓书店）

《烹饪科学讲座6 成分素材、调味料》（桥本庆子、岛田淳子/朝仓书店）

《新装版 "诀窍" 的科学之烹饪问答》（杉田浩一/柴田书店）

《结婚新手》（入江久绘/ sanctuary books）

《科学解析料理的关键》（左卷健男、稻山真澄/学习研究社）

《新版 好吃的科学 更美味的科学 了解味道的构成也就等于获得料理终极秘诀》（河野友美/
旭屋书店）

《料理万用小词典 为什么隔夜咖喱更好吃？》（日本烹饪科学会/讲谈社）

《美味的蔬菜便利书》（坂本利隆/高桥书店）

《修订新版 烹饪学——健康·营养·烹饪》（安原安代、柳沢幸江/ ik-publishing）

《身体和健康相关问答 营养 "秘诀" 的科学》（佐藤秀美/柴田书店）

《适合新手的出色料理基本练习册》（小田真规子/高桥书店）

《料理和营养的科学》（涉川洋子、牧野直子/书店）

《续——料理的科学①再次回答简单的问题》（Robert L. Wolke/ 乐工社）

《续——料理的科学②再次回答简单的问题》（Robert L. Wolke/ 乐工社）

《第一次喝咖啡》（堀内隆志、庄野雄治 /mille books）等

参考网站

株式会社日清制粉集团官网
http://www.nisshin.com
一般社团法人日本意大利面协会网站
https://www.pasta.or.jp
荏原食品有限公司官网
http://www.ebarafoods.com
NH Foods 有限公司官网
http://www.nipponham.co.jp

出版后记

　　料理成败的关键是什么？是只有专业厨师才能掌握的"独门秘籍"吗？食材、调料、工具、火候，这些都很关键，但能为美食画龙点睛的，往往是并不起眼的小技巧。您有没有想过，这些看似微不足道的窍门，也能成为严谨的烹饪科学？

　　鱼从肉或从皮开始烤有什么不同？蔬菜应该纵切还是横切？炒肉、蔬菜、蛋的顺序该如何决定？这些藏在细节里的烹饪科学，是简单的菜谱不会告诉您的料理秘诀。正是这些诀窍让料理锦上添花。

　　其实，看似简单的诀窍背后是有严谨的科学依据作支撑的。只要遵循科学法则，正确使用技巧，就可以获得使食物变得美味的魔法。这些看上去可有可无的"步骤"才是美味诞生的关键。本书对食谱中不会提及的"诀窍"及其背后的科学原理进行了详细说明。只要掌握个中诀窍，任何料理都能轻松应对，成为真正的料理达人。

图书在版编目（CIP）数据

料理解剖图鉴 /（日）丰满美峰子编；（日）桑山慧
人绘；郑荃子译. -- 天津：天津人民出版社，2019.9
　ISBN 978-7-201-14911-0

Ⅰ.①料… Ⅱ.①丰… ②桑… ③郑… Ⅲ.①菜谱—
日本 Ⅳ.①TS972.183.13

中国版本图书馆CIP数据核字(2019)第147665号

RYORI NO KOTSU KAIBOZUKAN by sanctuary books
Copyright © sanctuary books 2015
All rights reserved.
Original Japanese edition published by Sanctuary Publishing Inc.
Simplified Chinese translation copyright © 2019 by Ginkgo (Beijing) book Co., Ltd.
This simplified Chinese edition published by arrangement with Sanctuary Publishing Inc.,
Tokyo, through HonnoKizuna, Inc.,Tokyo, and Bardon Chinese Media Agency

本书简体中文版权归属于银杏树下（北京）图书有限责任公司
版权登记号：图字02-2019-163

料理解剖图鉴
IAOLI JIEPOU TUJIAN

[日]丰满美峰子 编；[日]桑山慧人 绘；郑荃子 译

出　版	天津人民出版社		出版人	刘　庆
地　址	天津市和平区西康路35号康岳大厦		邮政编码	300051
邮购电话	（022）23332469		网　址	http：//www.tjrmcbs.com
电子信箱	reader@tjrmcbs.com			
出版统筹	吴兴元		编辑统筹	王　頔
责任编辑	金晓芸		特约编辑	刘　悦　韩　伟
营销推广	ONEBOOK		装帧制造	墨白空间·张莹
印　刷	北京盛通印刷股份有限公司		经　销	新华书店经销
开　本	720毫米×1030毫米　1/32		印　张	7.5印张
字　数	160千字			
版次印次	2019年9月第1版　2019年9月第1次印刷			
定　价	68.00 元